国家科学技术学术著作出版基金资助出版

航空发动机基础与教学丛书

航空煤油超临界喷射燃烧

范　玮　范珍涔　靳　乐　董荣晓　著

科学出版社

北　京

内 容 简 介

本书面向未来高性能航空航天动力装置燃烧室中必将涉及的超临界煤油喷射燃烧技术,进行了概念性阐述和研究现状综述,系统展示和总结了课题组十余年来积累的创新研究成果,内容包括超临界态航空煤油物性、喷射流量特性、蒸发特性、喷射和掺混特性、扩散燃烧基础火焰特性,以及航空煤油超临界喷射数值仿真等。本书的主要特色在于将理论分析计算与试验研究紧密结合,力求突出科学性、新颖性、指导性和实用性,例如:针对超临界航空煤油物性研究,采用试验测量密度并对计算方法进行修正;针对航空煤油跨临界喷射特征量,采用试验研究结合理论推导的方式得出破碎长度经验公式等。

本书是介绍超临界态航空煤油在航空航天发动机燃烧室工况下的喷射燃烧知识的基础性专著。本书基于作者团队多年的研究成果,结合该领域国内外研究现状,旨在为从事空天动力装置燃烧室研究和设计的人员提供基础理论和实践经验的参考。

图书在版编目(CIP)数据

航空煤油超临界喷射燃烧 / 范玮等著. —北京:
科学出版社,2023.10
(航空发动机基础与教学丛书)
ISBN 978-7-03-076200-9

Ⅰ. ①航… Ⅱ. ①范… Ⅲ. ①航空油料—煤油—燃烧
Ⅳ. ①V511

中国国家版本馆 CIP 数据核字(2023)第 156140 号

责任编辑:胡文治 / 责任校对:谭宏宇
责任印制:黄晓鸣 / 封面设计:殷 靓

科 学 出 版 社 出版
北京东黄城根北街 16 号
邮政编码:100717
http://www.sciencep.com

南京展望文化发展有限公司排版
上海锦佳印刷有限公司印刷
科学出版社发行 各地新华书店经销

*

2023 年 10 月第 一 版 开本:B5(720×1000)
2023 年 10 月第一次印刷 印张:13
字数:254 000
定价:110.00 元
(如有印装质量问题,我社负责调换)

航空发动机基础与教学丛书
编写委员会

名誉主任

尹泽勇

主　任

王占学

副主任

严　红　缑林峰　刘存良

委　员

（以姓氏笔画为序）

王丁喜　王占学　王治武　乔渭阳　刘存良
刘振侠　严　红　杨青真　肖　洪　陈玉春
范　玮　周　莉　高丽敏　郭迎清　缑林峰

丛书序

航空发动机是"飞机的心脏",被誉为现代工业"皇冠上的明珠"。航空发动机技术涉及现代科技和工程的许多专业领域,集流体力学、固体力学、热力学、燃烧学、材料学、控制理论、电子技术、计算机技术等学科最新成果的应用为一体,对促进一国装备制造业发展和提升综合国力起着引领作用。

喷气式航空发动机诞生以来的80多年时间里,航空发动机技术经历了多次更新换代,航空发动机的技术指标实现了很大幅度的提高。随着航空发动机各种参数趋于当前所掌握技术的能力极限,为满足推力或功率更大、体积更小、质量更轻、寿命更长、排放更低、经济性更好等诸多严酷的要求,对现代航空发动机发展所需的基础理论及新兴技术又提出了更高的要求。

目前,航空发动机技术正在从传统的依赖经验较多、试后修改较多、学科分离较明显向仿真试验互补、多学科综合优化、智能化引领"三化融合"的方向转变,我们应当敢于面对由此带来的挑战,充分利用这一创新超越的机遇。航空发动机领域的学生、工程师及研究人员都必须具备更坚实的理论基础,并将其与航空发动机的工程实践紧密结合。

西北工业大学动力与能源学院设有"航空宇航科学与技术"(一级学科)和"航空宇航推进理论与工程"(二级学科)国家级重点学科,长期致力于我国航空发动机专业人才培养工作,以及航空发动机基础理论和工程技术的研究工作。这些年来,通过国家自然科学基金重点项目、国家重大研究计划项目和国家航空发动机领域重大专项等相关基础研究计划支持,并与国内外研究机构开展深入广泛合作研究,在航空发动机的基础理论和工程技术等方面取得了一系列重要研究成果。

正是在这种背景下,学院整合师资力量、凝练航空发动机教学经验和科学研究成果,组织编写了这套"航空发动机基础与教学丛书"。丛书的组织和撰写是一项具有挑战性的系统工程,需要创新和传承的辩证统一,研究与教学的有机结合,发展趋势同科研进展的协调论述。按此原则,该丛书围绕现代高性能航空发动机所涉及的空气动力学、固体力学、热力学、传热学、燃烧学、控制理论等诸多学科,系统介绍航空发动机基础理论、专业知识和前沿技术,以期更好地服务于航空发动机领域的关键技术攻关和创新超越。

　　丛书包括专著和教材两部分,前者主要面向航空发动机领域的科技工作者,后者则面向研究生和本科生,将两者结合在一个系列中,既是对航空发动机科研成果的及时总结,也是面向新工科建设的迫切需要。

　　丛书主事者嘱我作序,西北工业大学是我的母校,敢不从命。希望这套丛书的出版,能为推动我国航空发动机基础研究提供助力,为实现我国航空发动机领域的创新超越贡献力量。

2020 年 7 月

前　言

随着航空航天行业的迅速发展,飞行器对其"心脏"——动力装置的需求越来越迫切,要求越来越高。以航空发动机为代表的航空航天动力装置,由于结构及安全性原因其燃料首选液态碳氢燃料,其中最典型的是航空煤油。在国内,航空发动机最常用的燃料为 RP-3 航空煤油。

航空发动机的发展趋势,简而言之是飞得更快、飞得更高和更为轻便。这些需求会导致航空发动机燃烧室环境压力和温度较现有水平进一步提高,使得环境压力和环境温度超过航空煤油的临界状态参数。除航空发动机外,其他一些高马赫数飞行器的动力装置,如冲压发动机、火箭发动机、爆震发动机等,由于其工作范围比较宽,也会出现环境参数超过燃料临界参数的现象。

除此之外,未来航空航天动力装置的发展还会导致动力装置和飞行器的热负荷进一步提升。在不增加额外重量的前提下,利用燃油进行主动冷却就是一种必然趋势。在这个主动冷却过程中,燃油自身温度得到提升,有可能会达到临界温度。结合喷射压力必然高于环境压力,燃油在喷射之前就有可能达到了超临界状态。

由于动力装置是多工况工作的,因此可能涉及不同种类的超临界喷射燃烧。这些喷射燃烧包括超临界燃料喷射至超临界环境中的燃烧、亚临界燃料喷射至超临界环境中的燃烧、超临界燃料喷射至亚临界环境中的燃烧以及喷射参数与环境参数的组合可能涉及部分超临界区域的喷射燃烧。

正因为未来先进航空航天动力装置中会越来越多地涉及超临界喷射燃烧,因此国内外以高性能航空发动机和新概念空天发动机为应用背景的燃料超临界喷射燃烧研究日渐增多,且有越来越热的趋势。超临界喷射燃烧的研究结果可以为航空发动机或者先进动力装置的燃烧室及燃油系统的工程设计提供非常重要的支撑。

燃料在超临界状态下的物性与常规亚临界状态的迥异,同时由于如航空煤油等燃料为混合物类型,其涉及的超临界状态的物性及其变化尚需开展大量研究;正是由于超临界下燃料物性与常规亚临界状态的巨大差异,燃料的超临界喷射燃烧会出现许多亚临界态下所不涉及的特殊现象。目前来看,相关领域研究相对欠缺,且该方面的数值和试验研究将会面临全新的挑战。

为增进对航空煤油超临界喷射燃烧与常规燃烧巨大差异的认识,推动相关研究领域的发展,结合课题组从事航空煤油超临界喷射燃烧十多年的研究经历,收集相关资料,总结工作体会,特此编写《航空煤油超临界喷射燃烧》一书,供从事先进空天动力装置燃烧室设计工作的科技人员、高等学校教师和学生参考,希望能够起到抛砖引玉的作用。

本书共分9章对超临界喷射燃烧技术进行论述和讨论,重点聚焦于航空煤油。第1章介绍了液态碳氢燃料超临界喷射燃烧的研究背景和超临界喷射燃烧定义分类,综述了目前国内外研究现状以及存在的挑战和难点;第2、3章介绍了超临界航空煤油的物性试验和计算研究以及流量特性的测量及数值模拟方法;第4、5章主要介绍了航空煤油超临界蒸发特性和喷射混合特性的试验研究;第6章重点阐述了超临界燃料喷射与燃烧的数值仿真研究;第7章介绍了针对超临界煤油扩散火焰的燃烧特殊性的试验研究;第8章则综述了超临界航空煤油在实际空天发动机中的应用探索;第9章是对未来超临界液态碳氢燃料喷射燃烧的相关研究展望。

在本书的编写过程中,得到了正在求学的多位博士研究生的大力支持和帮助。非常感谢付意、罗睿、刘蓬晖、王之声、史鹏宇、时贺、江金涛,他们为本书提供了相关资料、研究成果并参与了部分章节初稿的撰写。

最后特别感谢国家自然科学基金委员会、国家科技重大专项"两机"项目(2017-Ⅲ-0005-0030)的资助,以及西北工业大学提供的研究条件支持。

由于作者理论水平和实践经验所限,书中难免会有疏漏、不足或错误之处,恳请读者批评指正。

作者

2023 年 3 月

目　录

第4章 航空煤油超临界蒸发特性研究

第5章 超临界航空煤油喷射和掺混特性研究

第6章 超临界燃料喷射与燃烧的数值仿真研究

第 7 章　超临界航空煤油扩散燃烧基础特性研究

第 8 章　超临界航空煤油在发动机中的应用研究

第9章　液态碳氢燃料超临界喷射燃烧研究展望

第1章
绪　论

1.1　液态碳氢燃料超临界喷射燃烧研究背景

1.1.1　未来先进航空航天动力装置性能需求对超临界喷射燃烧研究的牵引

随着现代科技的发展和进步,作为能源消耗的主要行业之一,国内航空航天行业在近几十年间规模不断发展扩大。民用航空在公共交通中占据了极其重要的位置,军用航空航天由于空中战场的争夺、战略储备的需要也显得愈来愈重要,各主要国家的新型飞行器层出不穷。

在整个飞行器体系中,对飞行性能影响最大的是动力装置。它是飞行器的"心脏",是飞行器达到所需性能要求的决定性因素之一。由于航空航天动力装置均为体积受限系统,应首选能量密度高、易于获得和使用安全的液态碳氢燃料作为燃料,因此采用煤油居多。

在国务院于2016年7月28日印发的《"十三五"国家科技创新规划》列出的面向2030年科技创新的重大项目中,"高性能航空发动机与燃气轮机的研制"凭借其在军事与工业上重要的影响力毫无争议地被列为六大科技项目之首,由此可见提高航空发动机性能的重要性。对于未来高性能航空发动机的发展趋势,可以简要概括为更高的推重比(推力/重量的比值)、更高高度和更快速度的飞行需求。

推重比是衡量航空发动机性能水平和工作能力的一个综合指标,欧美各国的航空发动机预研计划中都将实现高推重比技术作为其重要目标;业界飞行器动力进行划分,也是将推重比作为重要指标参数。自20世纪航空发动机问世以来,作为其重要指标的推重比就得到了不断的提升,图1-1是兰德公司研究报告中总结的型号发动机推重比指标的发展历程,反映了航空发动机推重比在1960~2000年间的稳步增长情况[1]。

提高推重比的重要途径是提升航空发动机的热力循环参数。一方面,目前航空发动机的总增压比已经由20世纪50年代的5左右提升至如今的30以上,某些在研型号甚至超过60。随着飞行速度的提高,压气机入口处的总温总压也在不断

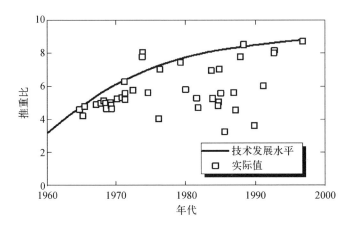

图 1 - 1   兰德公司型号发动机推重比统计结果

提高,由压气机流入燃烧室的气流温度和压力可能会分别超过 900 K 和 4 MPa[2]。在高空高马赫数飞行条件下,燃烧室进口气流温度非常高,如国外的 J58("黑鸟" SR - 71 侦察机的动力装置) 发动机,其高速巡航条件下燃烧室进口温度接近 1 000 K。国外最新在研的 YJ102R 发动机[3],高速飞行条件下燃烧室进口温度甚至会超过 1 000 K。

目前我国航空发动机常用燃料为 RP - 3 航空煤油,其临界压力介于 2.2 ~ 2.4 MPa 之间,临界温度介于 630~660 K 之间[4-6]。国外所使用的 JP8、JP7 航空煤油等常用燃料,临界参数与 RP - 3 也比较接近[7]。可以看出,未来高性能航空发动机中,必将由于发动机性能的需求,导致燃烧室中出现环境温度、压力高于燃料临界参数的工况,此时也就形成了向超临界环境中的喷射燃烧。

同时,高马赫数飞行器的研制也受到了世界各国的重视,它将是未来国家科技发展的重中之重,对保障国家安全和提升综合国力具有重大的战略意义[8]。随着高马赫数飞行器的发展,对匹配高马赫数飞行器的高性能动力装置的需求越来越强烈[9,10]。

高马赫数飞行器动力装置涵盖冲压发动机、火箭发动机、爆震发动机等类型。由于其工作范围比较宽,也会出现超临界的燃料喷射环境,也将涉及液态碳氢燃料的超临界喷射燃烧。

此外,对于先进航空航天动力装置而言,需要高效燃烧来保证动力装置的先进性能,因此雾化装置需要进行精细化设计。目前来讲,雾化的效果直接与喷射压差有关,因此多数航空航天动力装置的燃油喷射压力,在非常多的工况下都会超过燃油自身的临界压力。结合环境温度超过燃料的超临界温度,这也会造成动力装置中涉及燃料的超临界相变雾化以及喷射燃烧问题。

综上,未来先进航空航天动力装置的性能需求会使得燃油喷射燃烧的环境(燃烧室中)有可能出现温度、压力均超过燃油临界值的超临界环境;同时也会由于其多工况的特点,在宽范围工作下出现亚临界、温度超临界压力亚临界、压力超临界温度亚临界的各种环境参数情况。

1.1.2 未来先进航空航天动力装置冷却需求对超临界喷射燃烧的牵引

未来高性能飞行器的最大特点就是飞行高度和飞行速度越来越宽广,随着未来飞行器飞行速度的不断提高(例如,美国近年来成功试验的高速飞行器 X-37、X-43 和 X-51 等的飞行速度已接近 10 倍声速),飞行器动力装置中的高温部件以及与大气层高速摩擦的机体外表面将会产生巨大的热负荷[1,10]。然而,为了提高飞行性能,飞行器上又不可能携带专门用于机体和发动机冷却的冷却介质,因此飞行器自身携带的燃油将成为唯一可用来冷却飞行器的冷却介质。

以航空发动机为例,随循环温度的提高,目前航空发动机涡轮前温度也已由几十年前的 1 100 K 提升到 2 000 K 左右,并且会在未来超过 2 200 K(推重比达到 20 量级),这就对涡轮叶片材料温度耐受性提出了挑战。图 1-2 描述了航空发动机涡轮前温度的变化趋势,从图中可以看出涡轮入口温度以每年平均提高 20 K 的速度增加,而金属耐温材料每年仅可获得 8 K 的性能提升,因此,即使发动机涡轮部件采用碳/碳复合材料这样的耐高温材料,仍需要采用更先进的冷却方式来使高温部件承受更高的工作温度,保障发动机寿命和可靠性。

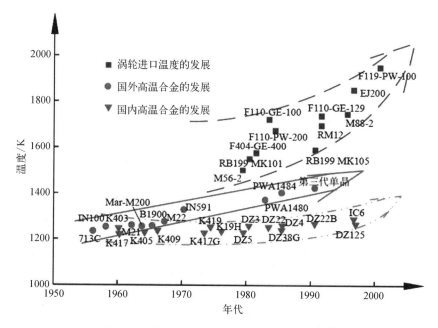

图 1-2 航空发动机涡轮前温度变化趋势[11]

目前,传统的冷却方式是从高压压气机引出气流来冷却涡轮叶片,但随着压气机增压比的提升,压气机引气温度提高,吸热冷却能力下降,单独采用压气机引气的方式作为冷却方法已远远不能满足冷却需求。在这种情况下,一种新的冷却方式——"预冷冷却空气"(cooled cooling air, CCA)[12]被提出,即让从高压压气机中引出的冷却空气首先经过一个高效的煤油-空气换热器,煤油吸热使压气机中引出的气体温度降低,从而降低冷却空气的温度,使得气冷冷却潜力增大。在这个过程中煤油自身温度得到了提升,有可能会达到临界温度;另外,为了满足发动机供油量和雾化程度的要求,煤油的喷射压力较高,极易超过煤油自身临界压力。

在航空煤油自身作为冷却剂的情况下,有可能使得航空煤油在喷入燃烧室之前就已经达到了超临界状态,这就会涉及超临界航空煤油的喷射燃烧问题。综合上一节中先进航空航天动力装置性能需求的牵引,燃烧室中的环境可能会出现亚临界、超临界等不同环境,而燃油喷射之前也会经历亚临界、温度超临界压力亚临界、压力超临界温度亚临界、超临界等各种状况,燃烧室中的喷射燃烧必将涉及超临界相变,同时也会涉及不同类型的超临界喷射燃烧状态。因此非常有必要对液态碳氢燃料的超临界喷射燃烧进行深入研究,以满足未来先进航空航天动力装置的发展需求。

1.1.3　液态碳氢燃料超临界喷射燃烧的特殊性

超临界状态下物性的特殊性是造成超临界喷射及其混合燃烧过程与亚临界情况下迥异的直接原因。临界点在相图上只是一个孤立的点,但是在它附近出现了非常丰富的现象,在超临界压力下,变物性是流体的主要特征之一,尤其是在临界点附近(压力为超临界压力的 1~1.2 倍处),物性的变化很大程度上影响了喷射燃烧性能。临界点上比热容变为无穷大,导热系数也出现尖峰,蒸发潜热变为零,密度、黏度、焓、熵、内能均出现非连续的拐点。

图 1-3~图 1-5 给出了典型液态碳氢燃料(正癸烷,临界压力 2.1 MPa、临界温度 344℃)在临界点附近的比热容、密度、黏性系数随着温度变化的规律曲线,数据从 NIST 数据库[13]查得。从图中可以看出,在超临界压力下,液态碳氢燃料的物性参数在很小的温度区间内剧烈变化。图 1-6 给出了典型的液态碳氢燃料(正戊烷,临界压力 3.37 MPa、临界温度 197℃)蒸发潜热在超临界压力下随着温度变化的曲线[14],从图中可以看出,随着压力的增大,蒸发潜热为 0 的温度降低。这说明理论上将燃料加至临界点之后的喷射会瞬间汽化,同时其相变过程与普通的液态变为气态有本质区别(接下来将会进行详细描述),这就会形成"超临界闪蒸"喷射。

对于相变现象可以根据热力学势及其导数的连续性进行分类。热力学势包括自由能、内能等,它们的一阶导数包括压力(或者体积)、熵(或者温度)等,它们的

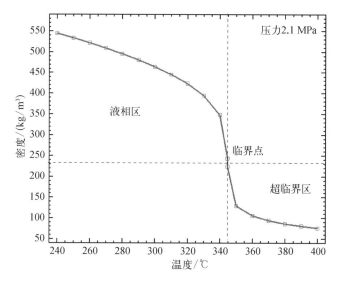

图 1-3 正癸烷密度变化

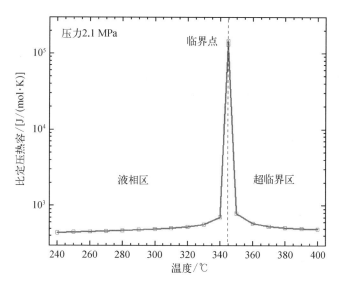

图 1-4 正癸烷比定压热容变化

二阶导数包括比热容等参量。凡是热力学势和它的一阶导数不连续的状态突变,称为第一类相变。其一阶导数不连续,表示相变伴随着明显的体积变化和热量的吸收(潜热),因此此类相变中,有序结构的破坏是突然发生的,在相变过程中必须供给一定的能量,普通的气液相变属于第一类相变[15]。

热力学势和它的一阶导数连续变化,而二阶导数不连续的情形,称为第二类相变。这时没有体积变化和潜热,因为有序结构的破坏是逐渐地连续地发生的,在有

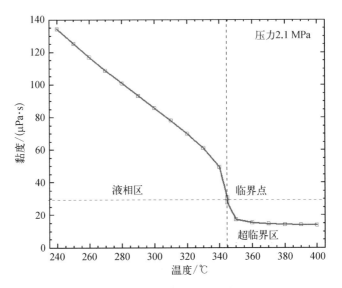

图 1-5　正癸烷黏性变化

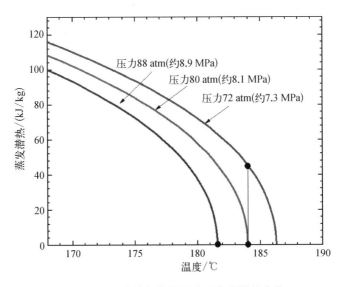

图 1-6　正戊烷超临界压力下蒸发潜热变化

序结构的逐步破坏过程中物质从周围逐渐吸收能量,没有在相变点大量吸收潜热的现象。但是有序破坏的速率随着温度升高而迅速增大,需要的热量也突然增加,形成热容量的突变,比热容等物理量随温度的变化曲线上出现跃变或者无穷的尖峰。临界点相变就属于第二类相变[16]。

从热力学函数的性质看,一类相变不是奇异点,它只是对应两个相函数的交点。交点两侧每个相都可能存在,通常能量较低的那个得以实现,这是出现"过热"的亚稳态以及两相共存的原因。二类相变则对应热力学函数的奇异点,在相变点的每侧只有一个相存在,因此不允许过热的两相共存。第二类相变的特征是有序程度的改变及与之相伴随的对称性质。在临界点以上分不出气体和液体,即气-液是对称的。到了临界点以下,就可以分出气体和液体,因而就破坏了这种对称。

第二类相变无体积的变化和潜热,说明不需要消耗有限能量。同时,连续相变中的有序参量也是连续变化的。可是,连续相变是一种突变,这是由于物理参数的无穷小变化引起了对称的破缺,气液临界点破缺的对称是离散的,连续相变涉及某种对称性质的有无,只能通过突变发生,而不能像一类相变那样——新相在旧相中逐渐长大。相变前后整个系统始终是宏观均匀的,即不会出现两相共存的界面。

由以上分析可以看出,超临界液态碳氢燃料由于物性和相变的特殊性,会具有高度的瞬变性,而环境场内细微的气动参数变化会造成很大的非均匀性。这样,采用常规亚临界计算和分析手段来进行液态碳氢燃料的超临界喷射燃烧研究显然是不恰当的。超临界喷射泛指喷射流体为超临界或者喷射环境为超临界的喷射,广义上还包括喷射温度、环境温度、喷射流体压力和环境压力这四个参数有一个满足超临界条件的喷射,即包括超临界流体的喷射和涉及部分临界区域的液体的跨临界喷射。与常规的亚临界液态压力喷射相比,超临界喷射主要具有以下显著特点:由于超临界流体没有表面张力的特点,超临界喷射过程中有可能不会形成液滴;由于临界点附近密度随温度变化的敏感性,密度梯度会变得非常大且不连续;由于临界点处的比热容变为无穷大,蒸发潜热降为零,超临界喷射可能出现直接汽化的超临界闪蒸现象。

国内外超临界燃烧过程的试验和数值研究表明:亚临界条件下推进剂喷射燃烧经历雾化过程,会由于动力因素和表面张力使得喷雾不均匀;而在超临界环境下,交界面处流体温度会高于局部混合物的临界温度,液体射流会经历跨临界变化,此时分子之间的作用力急剧减小,会导致混合扩散代替雾化控制燃烧过程。液体射流的解体和混合气的形成不再是由表面张力和空气动力不稳定性控制,这与亚临界喷射燃烧过程有巨大差异。在学科的层面上,超临界喷射燃烧涉及热力学、流体力学、传热传质学及燃烧学等诸多学科。如高温高压下,热力学与流体动力学会产生强耦合,使动量输运及传热传质都会表现出诸多完全不同于亚临界下的特点,因此现有的湍流燃烧模型也可能需要重新审视和发展修正。

实际航空航天动力装置所使用的燃料一般都是航空煤油,为混合型液态碳氢燃料,成分构成较为复杂。以国内最为通用的 RP-3 航空煤油为例,其组分达上千种,且成分会随型号、产地等因素的改变而改变,造成其超临界物性与纯净物不同,且不易定量确定其超临界物性。

根据参考文献[17]所述,混合物特别是液态碳氢燃料的临界点或者临界性质到底是怎样的,现在尚未有任何研究提出明确的定论。根据目前已有研究表明,其临界点已不再如纯净物那样是一个确定的点,而是一个区间,所以其临界点附近的物性也不如纯净物那样敏感。通常,确定混合物的临界参数较纯净物复杂得多,其临界物性往往是由其所包含的主要组分综合决定。

正由于航空煤油等液态碳氢燃料与纯净物在物性上的这些区别,造成其超临界喷射燃烧相关研究难度更大,需要首先确定其临界物性,才能开展其喷射及燃烧特性的研究。目前国内已经开展了非常多的相关基础研究,但尚未形成统一标准。

在先进航空航天动力装置领域,超临界喷射燃烧的研究可以为成功开展燃烧室工程设计提供指导。因此,超临界喷射燃烧的研究在未来的航空航天发动机的设计中占有着非常重要的地位。超临界喷射是其燃烧研究的前提,而超临界燃烧则是喷射研究的延续和扩展,最终实现高性能航空航天推进装置燃油系统的合理设计。

综上所述,进入 21 世纪后,高马赫数飞行的重要战略意义使得发展高性能航空航天动力装置成为动力研究领域的重点。高性能航空发动机或新概念空天发动机的燃油自冷却方式和发动机燃烧室内的高温高压环境,使得液态碳氢燃料的喷射和燃烧势必遭遇超临界状态,其超临界喷射及燃烧的研究变得尤为迫切,故而以高性能航空发动机和新概念空天发动机为背景的超临界燃油喷射燃烧的研究开始逐渐增多,且有越来越热的趋势。图 1-7 所示的是各种航天航空动力装置的燃烧室喷射工况示意图,可以看出未来各种类型航空航天推进装置的燃烧室都会涉及超临界喷射燃烧,相关研究的重要性不言而喻。

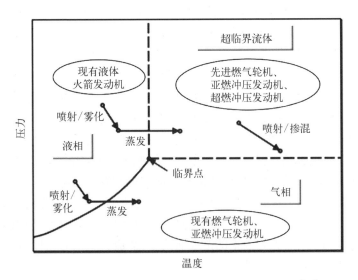

图 1-7 各种航空航天推进系统的喷射工况示意图[18]

1.2　超临界喷射燃烧的类型及特点

图 1-8 是超临界区域及不同类型的超临界喷射燃烧的定义图。如图所示,超临界喷射燃烧可分为四种形式,主要根据其喷射条件和环境条件的不同进行划分。下文将对四种类型进行具体描述,其中 P_r 为喷射压力与临界压力的比值,T_r 为喷射温度与临界温度的比值,分别称为相对压力和相对温度。

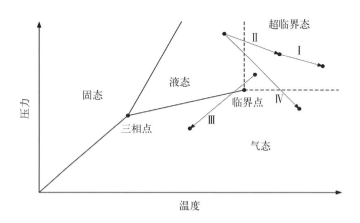

图 1-8　超临界区域及四种不同类型超临界喷射定义的压力-温度图

（1）Ⅰ类喷射燃烧,临界点之上的流体被喷射到喷射流体临界点条件之上的环境之中进行燃烧,即 $P_{r,inj}>1$、$T_{r,inj}>1$,$P_{r,env}>1$、$T_{r,env}>1$,这里下标 inj 表示喷射,下标 env 表示喷射进入的环境。

（2）Ⅱ类喷射燃烧,喷射流体的温度是亚临界的,但是喷射压力是超临界的,同时喷射的环境条件是在喷射流体的临界点之上的,即 $P_{r,inj}>1$、$T_{r,inj}<1$,$P_{r,env}>1$、$T_{r,env}>1$。

（3）Ⅲ类喷射燃烧,超临界流体喷射到亚临界环境（相对于喷射流体的临界点而言）之中进行燃烧,$P_{r,inj}>1$、$T_{r,inj}>1$,$P_{r,env}<1$、$T_{r,env}<1$。

（4）Ⅳ类喷射,喷射流体的温度是在临界点之下的,压力则在临界点之上,喷射环境的压力是小于喷射流体的临界压力的,但同时其温度是大于喷射流体的临界温度的,$P_{r,inj}>1$、$T_{r,inj}<1$,$P_{r,env}<1$、$T_{r,env}>1$,这种喷射燃烧通常会出现超临界区域。

喷射类型为Ⅱ、Ⅲ、Ⅳ的喷射燃烧通常被定义为跨临界喷射燃烧,这是由于它们在喷射过程中都有可能会跨越临界点。由于喷射流体的初始条件及环境条件的不同,流体的喷射会出现非常多的变化。与参考文献[19]一样,图 1-8 给出了不同类型超临界喷射的过程图解。

由于未来航空发动机采用自带燃油作为冷却剂技术和高推重比需求的特点，使得燃烧室的喷射燃烧将以超临界喷射为主。而以液态燃料作为推进剂的特点使得未来的航空发动机飞行过程中Ⅱ类型喷射燃烧将占主导地位，因此第Ⅱ种类型的喷射燃烧将是超临界喷射研究的重点[17]。

为了易于分类及特点描述，Ⅲ类喷射燃烧可以表述为超临界流体跨临界喷射燃烧，Ⅱ类和Ⅳ类喷射燃烧可表述为部分跨临界区域喷射燃烧，Ⅰ类喷射燃烧则表述为无相变超临界喷射燃烧。接下来将对这三类超临界喷射燃烧的特点进行分析。

1.2.1　超临界流体跨临界喷射燃烧

超临界流体跨临界喷射燃烧的重要特征在于：喷射燃烧之前，流体处于超临界状态，而喷射进入的环境处于亚临界环境。通过图 1-8 可知，喷射过程中，流体会经历液态、气态的变化，且由于瞬态气动参数分布的不均匀性出现空间区域上的不同，因此在喷射燃烧的过程中会涉及冷凝、汽化、瞬间汽化（即超临界闪蒸现象，超临界流体蒸发潜热为零，进入气态气动参数区域后会瞬间汽化）等诸多现象。

进入 21 世纪以来，由于航空航天技术的高速发展，超临界流体跨临界喷射燃烧相关研究开展增多，但由于缺乏系统理论，研究进展较为缓慢。目前比较确定的是，由于超临界液态碳氢燃料自身特点，喷射入低压高温环境中时，其闪蒸的特点，省略了雾化汽化过程。这样，其与空气混合比液体喷射更为迅速，因而其燃烧特性要比液态喷射有很大的提高。

综合目前超临界流体跨临界喷射燃烧研究情况，大致可将其特点总结如下：

（1）超临界流体喷射入低压高温（对应流体位于气态区域）环境中，会出现瞬间闪蒸现象，此时混合燃烧特性比液态喷射好处很多；同时根据现有的研究表明，其燃烧特性甚至比过热流体的闪急沸腾喷雾要好。

（2）超临界流体喷射入低压低温环境（对应流体位于液态区域）环境中，会出现瞬间汽化伴随冷凝现象同时出现，相变和冷凝过程导致射流的总压降低，静压升高，射流在出口近场区域内微弱的扰动便会引起复杂的相变和冷凝，射流出口特征变化复杂；同时，相变和冷凝过程会形成严重熵增，因此，常规气态射流分析中所用到的等熵膨胀理论已不再严格适用。

1.2.2　部分跨临界区域喷射燃烧

部分跨临界区域喷射燃烧主要是指液态燃料喷射入高温环境中，此时喷射压力是高于流体的超临界压力的；环境温度高于流体的超临界温度，环境压力则大于或者比较接近流体的超临界压力。

相关研究表明：以上类型的喷射燃烧，在喷射过程中，气液界面难以区分，取而代之的是一个主要由扩散过程控制的气液两相混合层,存在着很大的密度梯度[20]。混合层的出现可以归结为液体表面张力的消失以及气液界面的增大[21]。射流会由液态喷雾转换为类气态喷射,与变密度湍流气态喷射存在更多的相似特征。

此外,喷射燃烧场内,会由于部分区域表面张力和蒸发潜热的消失,相界面不复存在[22]。流场中的流体物性和空间分布呈现连续变化,燃料的燃烧过程逐渐变为由混合过程来主导[23-25]。

液体射流进入超临界环境时,其表面都并非立即达到临界状态,而是仅当压力显著超过燃料临界压力时才会达到临界状态[26]。所以在这种跨临界喷射燃烧下,瞬间完成超临界雾化的假设是不正确的,上述类型的喷射燃烧依然存在一个雾化和破碎的高度瞬态过程。

1.2.3　无相变超临界喷射燃烧

由图 1-8 可知,超临界状态的燃料喷射进入超临界环境中的喷射燃烧,不会发生燃料状态上的改变,即不会发生相变,这一过程即可归为无相变超临界喷射燃烧。

现有研究表明,无相变超临界喷射燃烧,其射流形态的改变受到喷射速度、黏性、密度比和动量比等多方面因素的综合影响,但本质上均是由环境或喷射参数改变引起的物性改变所导致的,所以其受喷射参数影响的敏感性远高于其受环境参数的影响。同时,由于一般航空航天动力装置所用的都是大分子液态碳氢燃料,其密度较大。燃料与环境气体间的密度相差较为悬殊,故影响超临界燃油喷射的主要因素是喷射动量比,而不再是密度比。

这种无相变的超临界喷射燃烧,现有研究表明超临界射流与稠密气体射流具有相似性。从某种意义上可以看作密度很大的气体的扩散燃烧,燃烧性能较液态燃料喷雾要好很多。目前相关的理论体系尚未完全建立,无适用模型对这类喷射燃烧进行合理描述。

1.3　超临界喷射燃烧相关研究现状

近百年来,随着推进技术的进步,燃烧装置相关的喷射燃烧特性与机理的研究以及燃料喷射系统的开发、优化与改进始终是一个常新的课题。近 20 年来,航空航天动力装置的高性能发展需求,促使超临界/跨临界喷射燃烧研究逐渐广泛开展起来。

目前,以火箭发动机为研究对象的超临界喷射燃烧研究开展得最为广泛,也有部分零星针对航空发动机和冲压发动机的。总体而言,针对航空航天发动机实际使用的大分子液态碳氢燃料——航空煤油的研究是比较缺乏的,本书作者则主要针对 RP-3 航空煤油进行了大量基础性试验及计算分析研究。

目前国内外针对液态碳氢燃料的超临界喷射燃烧的研究主要可以分为四大块：超临界物性研究、液滴的超临界蒸发特性研究、超临界喷射和掺混特性研究以及超临界燃烧过程研究。下面将针对这些方面的研究现状进行综述，重点将放在液态碳氢燃料上。

1.3.1 超临界物性变化及流量特性研究

通常，混合物型液态碳氢燃料的成分构成较为复杂，以 RP-3 航空煤油为例，其构成组分多达上千种[27,28]，且成分会随型号、产地等因素的改变而改变，造成研究其超临界物性时的困难。目前，对于其超临界物性的研究大多集中在数值和理论计算上，且多以寻求替代燃料为主[29,30]。替代燃料模型是指采用少数几种碳氢化合物组成的混合物来模拟真实碳氢燃料热物理性质的模型[31]，从而为研究带来了较大的方便。

美国空军实验室的 Edwards 和 Maurice[32] 曾对航空燃油的替代燃料进行了研究，发展了燃油的多种替代燃料模型，对比了不同类型替代燃料的计算性质和优劣性能。NIST 的 Huber 等[33] 曾对 JP-A 航空煤油的替代燃料进行了热物性分析，发展了 8 种组分的替代燃料模型，并在试验验证中得到了与真实燃料较为吻合的结果。Lin 和 Tavlarides[34] 对常用的 20 种柴油替代模型进行了评估，对临界点、密度、比热容、黏性和导热性等方面进行了比较，分析了不同替代模型的优缺点，指出了正十四烷可以作为柴油的单组分纯净物替代燃料并在物性参数的计算上得到了较为理想的结果。Li 等[35] 采用 10 组分替代燃料模型和有限体积法对 RP-3 航空煤油的对流换热性质进行了数值研究，发现在初始加热阶段，当壁温超过煤油的临界温度时燃料的传热特性会出现衰减现象。来自中国科学院力学研究所的范学军和俞刚[28] 通过替代燃料法和广义对应状态法则（ESC）对吸热型液态碳氢燃料的热物性进行了理论和数值研究，基于 Dagaut 发展的三组分替代模型[36] 来进行物性研究，得到了不同温度和压力下煤油的密度变化曲线，如图 1-9 所示。

在数值和理论计算中如果选定了替代燃料模型，那么替代燃料中各组分的相关物性参数便可以通过理论计算的方法进行求解。然而，当燃料处于超临界工况时，其物性参数随温度和压力的变化非常敏感（尤其在临界点附近），此时再采用理想气体状态方程进行求解势必会造成严重的误差，而应该采用考虑了真实气体效应的状态方程进行求解[37-39]。

能够满足超临界物性计算要求的状态方程主要分为两类：多常数状态方程和立体型状态方程[40-43]，其中多常数状态方程中最常采用的是 L-K 状态方程[43]，而立体型状态方程中采用较多的是 RK、SRK 和 PR 状态方程。Peng 和 Robinson[40] 曾在研究中对比分析了三种立体型状态方程在计算不同物性参数时的优缺点，指

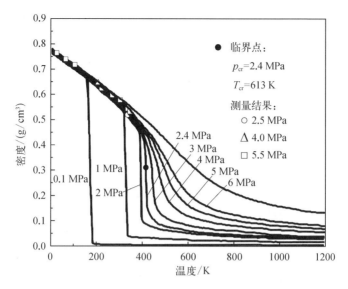

图1-9 采用三组分替代模型计算得出的燃油密度变化曲线

出了 PR 状态方程几乎在所有计算工况下的精度均比 RK 方程和 SRK 方程更有优势,并指出 RK 方程和 SRK 方程会在预测液相密度时造成较大的误差。

要想较为精确求得混合物型液态碳氢燃料的超临界物性,除了正确选择和使用恰当的状态方程外,还必须选用合理的混合规则。混合规则是指将纯净物组分的性质和对应的混合物性质进行关联的函数关系式,已有学者关于混合规则开展了一些研究工作,其中能用于超临界物性参数计算的混合规则主要包括:Van der Waals 混合规则[44]、Stryjek – Vera 混合规则[45]、Schwartzen 等发展的混合规则[46] 和 Reid 等发展的混合规则[47] 等。作者[37-39] 曾在数值研究中采用了 Reid 等推荐的混合规则,并取得了与试验较为吻合的数值结果。

除了正确掌握状态方程和混合规则外,还应该了解超临界输运参数的计算方法[48-50]。Ely 和 Huber[51] 也曾在其专著中提到了能够用于碳氢化合物超临界物性计算的 SUPERTRAPP 软件。Congiunti 等[52] 在进行超临界燃烧的研究中,基于特定的状态方程,分别采用了不同的输运参数计算方法,对流体的超临界物性进行了计算,对比分析了不同输运参数计算方法的优劣。

虽然替代燃料模型为混合物型液态碳氢燃料的物性研究带来了很大的方便,但由于其固有的缺陷和计算复杂性,使得其计算结果与实际燃料的真实物性仍存在一定误差,且可重复性较差。因此,为了得到液态碳氢燃料的精确物性参数,仍需要通过试验的方法进行测量和修正。由于混合物型液态碳氢燃料的超临界物性参数的试验测试难度较大,所以早期的相关研究更多是针对小分子纯净物开展的。

关于液态碳氢燃料超临界物性的试验研究直到 2010 年前后才陆续开展,而对于 RP-3 航空煤油的研究则更多集中在北京航空航天大学和中国科学院力学研究所等少数几家单位。北京航空航天大学的张春本等[53,54]曾对 RP-3 航空煤油在超临界压力下的焓值和传热特性进行了试验测量,在温度范围为 323~843 K 的焓值测量中[53]发现当煤油温度低于临界温度时,超临界压力下煤油的焓值几乎是相同的,而当温度高于临界温度时,不同压力下煤油的焓值表现出较大的差异。在传热特性测量中[54],他们设计了一种垂直毛细管型的实验装置对 RP-3 航空煤油的传热特性进行了研究,发现其在热传导过程中大致分为四个区域:初始加热区、常规传热区、增强传热区和恶化传热区。

邓宏武等[55-57]也对吸热型液态碳氢燃料的超临界物性进行了一系列的试验测量。他们使用了一种基于质量守恒定律的新方法,对 RP-3 航空煤油的超临界和亚临界密度进行了试验测量[55],同时分析了煤油在不同温度和压力下的等压热膨胀系数的变化规律。他们基于在毛细管中层流流动过程中的动量守恒定律对 RP-3 航空煤油在超临界压力下的黏性进行了试验测量[56],测量的温度范围为 298~798 K,压力范围为 2.33~5.00 MPa,得到了较为精确的试验数据。他们还采用对真空管中流动工质进行加热的方法测量了煤油的比定压热容特性[57],并以水作为标定工质对实验装置的精度进行了标定,得到了温度范围为 292.1~823.9 K、压力范围为 2.40~5.98 MPa 的比定压热容。

周海鹏等[58]基于经典的瞬态热线法,设计了一种测量液态碳氢燃料在高温高压条件下导热系数的实验装置,并使用无水乙醇、甲苯和高压氮气等对实验装置的精度进行了标定,测量得到了 RP-3 航空燃油在温度范围为 298~430 K、压力范围为 0.1~5.0 MPa 的导热系数。

上述研究人员在针对混合物型液态碳氢燃料超临界物性的研究中解决了一定的难题,获得了较高精度的物性数据,但研究中关于混合物型燃料物性计算方法的研究还涉及得相对较少,并且现有的试验数据和研究结论还不够系统和完善,研究中部分实验系统设计得相对复杂,维护费用较高。

另外,液态碳氢燃料超临界物性的复杂性,还造成了其超临界流量极其难以控制[59],由于掌握超临界的流量规律是研究超临界喷射和燃烧的基础,所以与此相关的研究工作急需开展。目前,有关超临界流体流量特性的研究还相对较少,关于混合物型燃料的超临界流量特性的研究更是十分少见。来自美国的研究者 Wu 等[60]通过试验测量了不同工况下超临界乙烯的喷射流量,并结合试验数据发展了超临界流量计算方法。来自中国科学院力学研究所的范学军等[61]基于声速喷管的流量与温度和压力的关系,通过测量待测超临界流体的总温和总压间接计算得到其超临界流量的值。

总之,目前针对混合物型液态碳氢燃料的研究尚处于起步阶段,仍需通过大量的试验研究才能逐步建立和完善我国常用液态碳氢燃料的超临界物性数据库。

1.3.2 超临界液滴蒸发研究

超临界环境下液滴的蒸发率对燃烧性能的影响非常大,而超临界环境中液滴蒸发过程的物理建模和数值仿真过程极为复杂。由于液体燃油喷射到超临界环境中,其雾化和蒸发特性较常规的亚临界情况发生了很大的改变,特别是蒸发,从液滴蒸发发展成了直接的汽化,因此常规的蒸发模型不再适用,发展适合超临界环境下的雾化蒸发模型成为必须。早在 1973 年,Rosner 和 Chang[62] 就从理论上分析了液滴发生超临界蒸发所必需的压力和温度条件,对燃油液滴在临界温度附近的瞬间汽化进行了研究,开始了超临界液滴蒸发的研究历程。从 20 世纪 90 年代开始,许多国外学者和研究机构广泛展开了与液滴的超临界蒸发特性相关的研究,以期能够建立起相关的模型和理论体系。

20 世纪 90 年代至今,液滴的超临界蒸发特性的研究主要集中于单个液滴在超临界环境中的蒸发、燃烧,重点分析了瞬时扩散、物性变化、分界面的热力学状态、溶解度等对于液滴蒸发的影响,液滴间的相互作用及其传输现象也有涉及。

液态碳氢燃料的喷雾燃烧是获取动力的主要手段之一,广泛应用于航空航天领域,故有必要对液态燃料的蒸发和燃烧特性开展研究。而研究单个燃料液滴的蒸发和燃烧特性又是研究喷雾燃烧的核心和基础,它是从微观上反映燃料蒸发和燃烧特性的有效途径。随着燃烧环境参数逐渐升高至超临界,液滴蒸发过程中将涉及临界物性、相变、高梯度热传导以及气相溶解性等多种复杂的因素,此时,建立常规蒸发模型中所用到的相关假设已不再成立,因此,传统的液滴蒸发模型已不再严格适用。

在液滴超临界蒸发的数值和理论研究方面,学者们主要关注的是液滴在超临界环境中的蒸发模型和控制方程,而在试验研究方面却更多地关注液滴温度、蒸发常数和液滴寿命。

通常,液滴的蒸发被认为是由环境向液滴的导热所引起的,常规条件下的液滴蒸发过程可以简化为如图 1-10 中所示的物理模型[63]。但超临界液滴蒸发则大为不同。Givler 和 Abraham[64] 曾在研究中指出,对于戊烷到十二烷之间的液态碳氢燃料,当环境温度和压力是其临界点温度和压力三倍以上时,液滴在蒸发过程中可以达到超临界状态,表明此时液滴和环境间的清晰边界已不复存在。文献[65] 中也通过试验研究观测到了超临界环境中液滴蒸发时的边界消失现象,如图 1-11 所示。

当液滴表面达到超临界并发生亚临界向超临界状态的迁移时,液滴的表面张力和汽化潜热变为零,表面消失,蒸发区域内的燃料质量分数呈连续变化的趋势,此后整个蒸发过程基本以气相扩散为主,其物理模型如图 1-12 所示。此外,超临界流体具有较高的气相溶解性,当液滴边界消失以后,大量的环境气体会溶入液滴内部,从而进一步增加了研究的难度,使得直接通过理论方法建立超临界蒸发过程的数学模型变得几乎不可能,尤其是对于物性参数更为复杂的混合物型液态碳氢燃料。

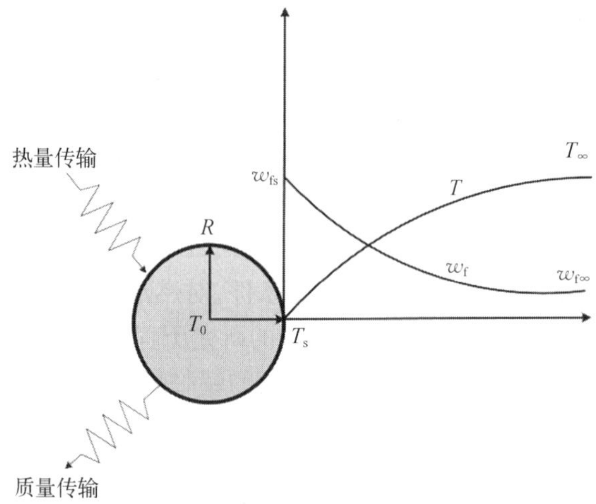

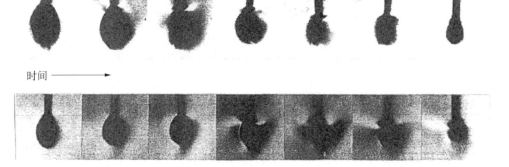

图 1 - 10　常规条件下液滴蒸发过程的物理模型

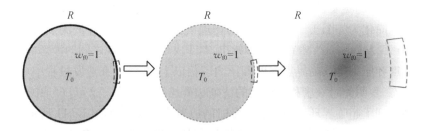

图 1 - 11　Nomura 等[65]试验中观测到的超临界环境下液滴蒸发图像

图 1 - 12　液滴表面出现超临界迁移时的物理模型

国内外学者们为了探索超临界环境中的液滴蒸发和燃烧特性,已经开展了大量的相关研究。接下来重点针对液态碳氢燃料的超临界蒸发相关研究情况,进行详细介绍。

Curtis 和 Farrell[66]在考虑了气体溶解以及由此造成的液体体积变化等因素,

忽略气相在液体中的质量扩散的情况下,建立了一个超临界蒸发模型,并且利用该蒸发模型进行了正十二烷在不同超临界情况下的蒸发过程,发现超临界条件下的蒸发速率略有增大,而流体物性参数的剧烈变化对于弱临界条件下的蒸发影响不大。

Sirignano 和 Delplanque[67]对液态燃油和推进剂的跨临界汽化过程进行了数值计算研究。研究结果表明:强制对流对超临界条件下的液滴的蒸发过程影响是非常大的,因为它会使得表面张力降低而导致二次雾化,并且使得液滴的寿命大大减小。他们还给出了一个超临界效应如何影响推进系统整体性能的实例。

Hsieh 等[68]对初始温度为 300 K,初始直径为 100 μm 的正戊烷和正戊烷/正辛烷混合物(质量配比为 71.6%/28.4%)液滴在静止氮气环境中的蒸发特性进行了数值研究,发现随着环境压力的升高液滴寿命逐渐降低,纯净物和混合物燃料在超临界蒸发过程中存在较大的差异性。

北京航空航天大学对超临界环境下的液滴蒸发过程开展了较多的计算研究[69-72]。2000 年,李云清等[69]建立了单滴燃料燃烧过程的计算模型和数值方法,对单滴燃料的蒸发燃烧过程进行了计算,得到了一些初步的定性结论。2008 年,李云清和何鹏[70]对单一丁烷液滴在超临界氮气环境中的蒸发过程进行了计算研究,研究结果表明超临界压力下液滴周围的气体溶解在液相中,只有在强超临界环境中蒸发液滴表面才能发生由亚临界状态到超临界状态的迁移,环境压力和环境温度对液滴寿命影响很大。

由于超临界蒸发和燃烧过程极为复杂,上述研究在数值和理论模型的建立过程中大多都进行了较多的简化,所以只能基本反映液滴超临界蒸发过程的定性规律。相比于理论与数值研究,开展液滴超临界蒸发和燃烧的试验研究难度较大,且试验中也常不可避免地引入其他干扰性因素,从而影响试验精度。

Hartfield 和 Farrell[73]对单质纯净燃料在高温高压气体环境中的近临界蒸发过程进行了试验研究。研究所用的燃料为正庚烷和三氯三氟乙烷,主要研究了环境气体温度、压力和对流强度对于蒸发过程的影响。研究结果表明:在高压环境下的蒸发,环境温度对比环境压力来说是一个更加重要的因素,环境压力对蒸发速率的影响是非常小的。

Matlosz 等[74]采用热电偶丝交点悬停液滴的方式,研究了正己烷液滴在超临界温度下的蒸发规律,发现随着环境压力的升高液滴已不再满足常规亚临界蒸发定律。Hiroyasu 和 Kadota[75]针对高温高压环境中液滴的蒸发特性开展了大量试验研究,主要关注环境温度、环境压力以及初始温度对液滴蒸发寿命的影响,他们还在试验数据的基础上建立了液滴亚/超临界蒸发的理论模型。

Nomura 等[65]采用了如图 1-13 所示的实验装置对无重力和无自然对流工况下正庚烷(n-heptane)液滴的超临界蒸发特性进行了研究,试验的环境压力区间为

0.1~5.0 MPa,环境温度区间为 400~800 K,试验中主要分析了正庚烷液滴无量纲直径的平方受环境温度和压力的影响规律,并观察到了液滴在蒸发后期液滴边界的迁移现象。

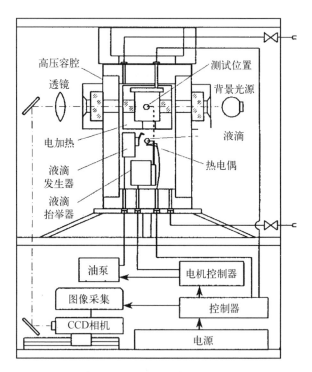

图 1-13　Nomura 等研究液滴蒸发特性所采用的实验装置

以上这些国内外针对液态碳氢燃料液滴的超临界蒸发特性的研究,主要取得的成果概括起来主要包括以下几点:① 超临界流体无表面张力和蒸发潜热,无雾化问题存在,也没有明显的气液边界;② 超临界流体的换热随温度压力变化非常大,换热系数会出现突增现象;③ 超临界流体溶解度大;④ 超临界环境的热力学参数及流场速度对超临界蒸发过程有很大的影响。

目前国内外与液滴超临界蒸发燃烧过程相关的研究几乎都是针对火箭发动机或者内燃机的,以航空发动机为背景的针对实际液态碳氢混合燃料的研究少之又少。而液态碳氢混合燃料的液滴超临界蒸发燃烧机理的研究是未来航空发动机研制过程中必不可少的一环,因此该空白亟须填补。

1.3.3　超临界喷射和掺混特性研究

为了将超临界燃烧应用于未来高性能航空航天动力装置中,除了掌握超临界燃油的基础物性和液滴的超临界蒸发特性外,还必须全面了解超临界燃油的喷射和掺混特性。

由于低温液体火箭发动机自身燃料和工作特点,涉及燃料超临界喷射工况较多较广,早期的超临界喷射研究,大多是以低温液体火箭发动机为研究背景,针对 H_2、O_2、N_2 和 CO_2 等小分子纯净物展开。

除了低温火箭发动机外,一些新概念动力装置(如超燃冲压发动机、火箭基组合循环发动机等)的研制中也常用到一些小分子气态物质(如 CH_4、C_2H_4 等)作为燃料。同时由于这类发动机中,喷射压力与环境压力的比值很大,会出现超临界燃油喷射到亚临界环境的跨临界喷射情况,因此针对在新概念动力装置中相关小分子燃料的超临界喷射,也有一些学者和研究机构进行了研究。

航空发动机的燃料一般都是采用混合型液态碳氢燃料——航空煤油。此类碳氢燃料的超临界/跨临界喷射,由于临界及超临界状态下物性的特殊性及混合物临界参数的不确定性,造成其喷射特性控制机理与气态、液态喷射都有极大的不同;且由于试验条件比较苛刻(碳氢燃料临界参数一般都较高),超临界试验工况的营造受到制约。因此开展相关研究必须攻克混合碳氢燃料临界参数的确定、喷射控制机理的建立及试验工况的营造等问题,目前相关的研究开展得还相对较少。

美国代顿大学 Doungthip 等[76]试验研究了超临界 Jet-A 燃料喷射进入超临界氮气环境时射流长度和射流扩张角的变化规律,以及射流形态受喷射流量和喷射温度的影响;此外,他们还以正癸烷作为单组分替代燃料,对上述过程进行了数值模拟对比,发现超临界射流长度略小于相同工况下的亚临界射流,其数值结果和试验结果的对比如图 1-14 所示。

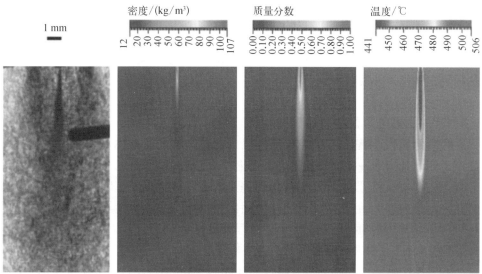

图 1-14 **Doungthip** 等在超临界喷射研究中的数值结果和试验结果的对比

作者团队[37-39]基于 PR 状态方程,选择了恰当的超临界物性计算方法和预处理方法,建立了模拟航空煤油超临界喷射过程的数学模型,通过与 Doungthip 等的试验结果进行对比验证了模型的精度;基于该模型研究了超临界航空煤油喷射进入超临界氮气环境时的射流特性,得到了射流长度和射流扩张角与流动参数间的定量关系。

中国科学院力学研究所的范学军和俞刚等[77-80]试验研究了超临界 RP－3 航空煤油喷射进入超声速横向气体主流时的喷射和掺混特性,分析了超临界燃油的掺混性能对超燃冲压发动机整体工作性能的影响。高伟等[81-84]通过试验分别研究了超临界正戊烷、正癸烷和 RP－3 航空煤油喷射到大气环境中的近场射流结构和射流冷凝特性,发现马赫盘距离随着喷射压比的提高而增大,但基本不受喷射温度的影响,得到了与前文中研究小分子纯净燃料超临界喷射时相似的结论。

从过去 20 年间关于超临界喷射掺混特性的研究中,我们可以总结得出以下主要结论:

(1) 超临界和跨临界喷射在结构上与变密度气体喷射有非常多的相似之处,特别是在喷射的核心区域;

(2) 跨临界喷射主要依赖于环境的热力学条件;

(3) 临界点附近的物性参数的剧烈变化对混合过程有很大的影响;

(4) 表面张力在跨临界喷射过程中扮演着非常重要的角色,这主要取决于混合体系的临界参数。

目前采用混合型液态碳氢燃料作为研究对象进行超临界喷射和掺混的试验和数值研究还相对较少,研究开展得也较为分散,所得出的研究结论还不够系统。另外,现有的研究多数是针对跨临界喷射的,即只有喷射参数或环境参数之一达到了超临界状态,关于液态碳氢燃料的纯超临界喷射以及掺混特性的研究更是极为少见。因此,现阶段液态碳氢燃料的喷射和掺混特性研究仍处于起步阶段,仍有大量的研究工作亟须开展。

1.3.4　超临界燃烧特性研究

燃料的超临界燃烧极其复杂,长期以来一直是火箭发动机及未来航空发动机发展的瓶颈技术之一。而超临界燃烧理论体系的建立主要包括构建液滴在超临界环境下的燃烧模型、发展超临界喷射燃烧过程控制规律以及超临界喷射燃烧特性理论三部分内容。因此,超临界燃烧方面的相关研究主要分为液滴的超临界燃烧特性的研究和燃料喷射的超临界燃烧过程的研究两方面。

1.3.4.1　单个液滴超临界燃烧特性研究

相较单个液滴的超临界蒸发特性,液滴的超临界燃烧特性研究更为不易;同时由于单个液滴燃烧热态过程的特殊性,给测量造成了很大的麻烦,因此相关研究开展较少。在目前国内外有限的一些机理试验研究过程中,主要是采用摄影的方式对火焰图像进行分析,难以得到定量结论。还需要完善试验及测量手段后,详细进行深入研究,方可得到完善定量结论,以构建液滴在超临界环境下的燃烧模型。

Kadota 等[85,86]采用如图 1-15 所示的实验装置分别研究了十八醇和十八烷液滴在无重力、无自然对流的超临界环境中的蒸发、自点火和燃烧特性,试验中所达到的最大压力值为两倍的燃料临界压力值,研究发现,液滴的点火延迟时间在环境压力接近临界压力时最小,提高环境的氧气浓度能够有效缩短点火延迟时间,火焰直径随着环境压力的升高而减小,他们在试验中所拍摄到的液滴蒸发和燃烧的图像分别如图 1-16 和图 1-17 所示。

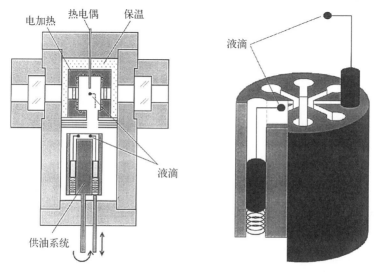

图 1-15 Kadota 等[85,86]研究液滴蒸发特性所采用的实验装置

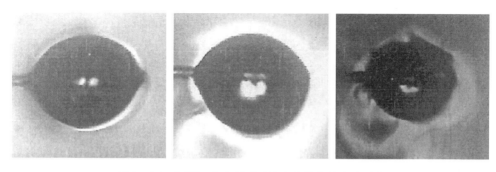

图 1-16 文献[85]中观测到的液滴蒸发的试验图像

中国人民解放军装备指挥技术学院的丰松江和聂万胜[87]针对液氧火箭发动机的实际情况,对液氧液滴在超临界氢气环境下的蒸发和燃烧过程进行了三维数

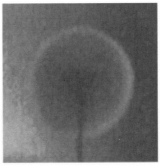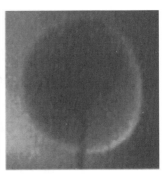

图 1 - 17 文献[86]中观测到的液滴燃烧的试验图像

值研究,主要研究了环境的温度、压力、液滴初始速度和大小分布对于蒸发和燃烧过程的影响,为火箭发动机的蒸发燃烧过程的研究打下基础。

1.3.4.2 燃料喷射超临界燃烧过程研究

基于超临界喷射燃烧过程的研究对于航空航天发动机设计具有重要意义,近十年来国外许多研究机构在该领域做了大量试验和数值方面的工作。由于航空发动机燃烧室涉及超临界喷射燃烧工况只是近年来的事情,因此尚处于起步阶段,但由于未来航空发动机的需求,开展针对航空发动机的超临界燃烧的研究是发展的必然趋势。

由于火箭发动机的发展需求,以液氧液氢和液氧甲烷新型低温火箭发动机为研究背景的超临界燃烧研究已开展多年。目前世界上针对这类研究的主要机构包括美国宾州州立大学、美国空军研究实验室(Air Force Research Laboratory, AFRL)、美国国家航空航天局(National Aeronautics and Space Administration, NASA)、德国宇航中心(Deutsches Zentrum für Luft- und Raumfahrt, DLR)、法国国家航空航天研究院(Office National d'Etudes et de Recherches Aérospatiales, ONERA)、日本国家航空航天实验室(National Aerospace Laboratory of Japan, NAL)等。

光学诊断、测试和处理技术的不断发展是开展超临界喷射燃烧过程试验研究的基础,国外研究机构基于光学技术进行了一些该领域的试验研究,主要包括以下一些内容。

1. 液氧/液氢火箭发动机

DLR 的 Mayer 等[88]利用纹影技术在发动机试车台上对压力高于 10 MPa 情况下的喷射特性和燃烧火焰的稳定机理进行了试验研究,发现液氧喷射管唇部下游存在明显的火焰区,而其形成的小回流区域具有稳定火焰的作用,且小回流区的尺寸与喷射管唇部厚度处于同一量级。

法国 EM2C 实验室的 Juniper 等[89]以及 Singla 等[90]采用平面激光诱导荧光技术(planar laser-induced fluorescence of hydroxyl radicals, OH - PLIF)对氢氧超临界

燃烧的火焰特征进行了试验研究,得到了喷嘴出口近场区的火焰图像的高质量结果,如图 1-18 所示,并与亚临界燃烧的火焰特征进行了对比。对比结果表明:亚临界条件下液氧射流边缘出现液膜"细丝"和液滴,而在压力高于 7 MPa 后它们不再出现,此时浓密的氧呈现出没有明显边界的"口袋"形态,雾化蒸发过程受到抑制,尽管此时火焰仍然能够到达液氧喷嘴唇部,但是由于初始喷射膨胀角度的减小且动量比也同时在减小,此时燃烧由大尺寸的湍流混合过程决定。

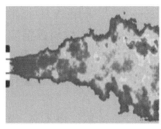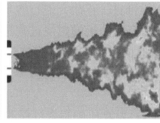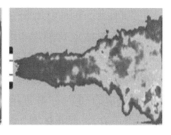

图 1-18 Singla 等[90]测得的"口袋"形态火焰(OH 散射图片)

澳大利亚阿德莱德大学的 Smith 等[91, 92]和 DLR 合作对喷嘴出口附近区域的氢氧燃烧过程进行了试验研究,如图 1-19 所示,根据液态喷雾过程、火焰散射强度、燃烧效率和稳定性的研究结果,定量得出了推进剂的速度比、压力比(环境压力/氧的临界压力)P_r 对亚临界、超临界燃烧流场变化过程的重要影响。

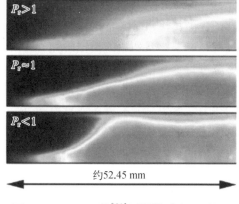

图 1-19 Smith 等[91]测得的时均OH 信号

2. 液氧/甲烷火箭发动机

液氧/甲烷火箭发动机的高压燃烧试验开始较晚,主要是在液氧/氢混合燃烧研究的基础之上进行拓展,这是液氧/甲烷火箭发动机超临界燃烧过程研究的主要思路。这方面的主要研究如下。

法国斯奈克玛(SNECMA)集团的 Zurbach 等[93]和 ONERA 合作对近临界状况下的液氧/甲烷同轴喷射燃烧过程进行了流场可视化试验研究尝试。试验得到的纹影图像表明燃烧火焰在喷嘴唇部边缘出现,并且沿着氧射流的边界向下游传播,这与液氧/氢喷射燃烧过程是非常相似的。

法国 EM2C 实验室的 Singla 等[94]对高压工况下的液氧/甲烷同轴剪切喷嘴的燃烧过程进行了较为详尽的试验研究。通过对 OH 基和 CH 基的散射图像的拍摄记录,得到了火焰时间平均结构的演化过程,结果显示火焰全部稳定于液氧喷嘴唇部附近的位置;在超临界温度下,蒸发过程是非常缓慢的,部分未燃烧的氧液滴渗入了火焰的内部,在蒸发并与甲烷气流外部的气态甲烷混合之后,形成了具有更大的扩张角的另一个火焰区域。这样,液氧和甲烷在超临界温度条件下的喷射燃烧会形成两个明显的火焰明亮区,一个处于液氧射流周围,另外一个则处于环形甲烷射流的外边界。而当氧的喷射温度是亚临界的时候,由于此时湍流混合作用的增强,只会出现氧气射流周边的一个火焰区域。

2006 年,美国宾州州立大学推进工程研究中心的 Salgues 等[95]采用 PLIF 技术和纹影成像技术对液氧/甲烷火箭发动机的燃烧过程进行了试验研究。与以前实验不同的是,他们不仅研究了同轴剪切式喷嘴的燃烧过程,同时也对同轴旋转式喷嘴的燃烧过程进行了研究。研究结果表明,燃烧效率和 OH 的发光强度与流动特性、雾化混合过程有着直接的关系。

由于在发动机典型工况下,对发动机的燃烧过程进行试验测量不仅成本高,而且难度很大,因此先进的数值建模仿真技术已经成为重要的研究手段,以求达到实验测量结果和数值仿真的相互验证与修正。接下来主要对超临界燃烧过程仿真研究概况进行介绍。

美国宾州州立大学机械工程系的 Vigor Yang 等针对火箭发动机的超临界燃烧过程开展了一系列数值模拟研究。1998 年,Oefelein 和 Yang[96]对氢氧超临界混合燃烧进行了开拓性的数值仿真研究,建立了完整的模型,给出了多个温度和压力范围下的完全守恒方程,由经典热力学理论和立体型状态方程计算得出了真实流体的热力学参数,如焓、吉布斯自由能、比定压热容等,黏性和导热率等输运参数则由对比态方法及状态方程求出,对扩散系数的求解方法也进行了修正,其数值模拟方法采用的是大涡模拟(large eddy simulation, LES)方法,主要对大尺度运动进行了计算。他们对多种物理现象进行了深入研究,如密度分层、剪切层不稳定、体膨胀、物性变化、混合层演变等。研究结果表明:局部热动力状态对射流有很大的影响,喷嘴几何结构和工况条件对喷射特性也有很大的影响,密度梯度是混合层演变过程的控制因素。2007 年,Zong 和 Yang[97]采用数值方法研究了液氧/甲烷发动机同轴剪切混合燃烧过程中的基础物理化学机理,特别研究了动量比对喷嘴附近流场和火焰动力学特性的影响,发现由于密度分层导致火焰稳定于喷嘴唇部的回流区,火焰沿液氧射流边界传播。

美国桑迪亚国家实验室的 Oefelein 等也针对液氧/氢火箭发动机的超临界燃烧过程开展了一些数值研究工作。2005 年,Oefelein 采用直接数值模拟(direct numerical simulation, DNS)的方式对超临界条件下同轴剪切喷嘴液氧/氢火焰的结构及其热物理特性进行了研究[98],初始情况氧的压力为超临界,而温度则为亚临界,氢则是超临界状态的,计算区域采取了与 DLR 实验室实验装置一致的流场区域。他们的计算结果得到了如下结论：在计算域内存在极大的热物理特性梯度，燃烧过程主要由扩散模式控制。同时他们还计算得出了火焰结构、物性参数变化及液氧核对近场剪切层动力学的定量影响。2012 年，Lacaze 和 Oefelein[99]对超临界压力情况下的扩散火焰进行了数值研究，重点是液氧/氢火箭发动机的火焰稳定问题。他们对火焰结构对于温度、压力和流体物性的敏感性进行了详细研究，在超临界条件下，温度和压力的微小变化即会导致整个火焰热力学参数的剧烈变化；研究同时发现水的存在使得混合物的临界压力大大增加，但是并不会消除两相状态；数值模拟结果也表明单流体物性方法可以用来进行超临界氢-氧燃烧模拟。

从 2003 年开始，意大利罗马大学航空机械系的 Bruno 等就对火箭发动机中的超临界燃烧进行了一些研究。2004 年，Ierardo 等[100]对超临界环境下的液氧/甲烷火箭发动机的混合与燃烧过程进行了数值研究，采用了真实气体输运和热力学特性的计算方法，并基于相似态法则的 Lee－Kesler 状态方程建立高压模型，提出了适合模拟同轴高雷诺数喷射的亚网格尺度（sub-grid scale，SGS）湍流模型，燃烧模拟采用涡耗散模型，研究了流场的湍流结构、液氧唇部火焰驻留影响、混合燃烧特征时间等参数。2008 年，Minotti 和 Bruno[101]对亚临界和超临界工况下的液氧/甲烷火焰使用 Fluent 软件进行了数值模拟，他们分别使用了理想气体模型和实际气体模型进行计算。计算结果表明，实际气体模型比理想气体模型造成的误差要小得多，超临界情况下的燃烧是一个非稳态向稳态发展的过程，而亚临界燃烧则是一个非稳态过程。

2004 年，佐治亚理工学院的 Tramecourt 和 Menon[102]针对高性能燃气涡轮发动机中的超临界燃烧进行了 LES 模拟研究。研究中首次采用了大分子燃料——庚烷作为研究对象，通过与试验数据的对比发现，数值模拟的 CO 生成量预测偏高，但是总的压力振荡频率是和试验[103]吻合的。

2009 年，Benarous 和 Liazid[104]通过 CFD 软件 Fluent 对 H_2/O_2 的超临界燃烧进行了数值模拟。通过模拟结果与 Thomas 和 Zurbach 的试验结果[105]对比，发现单步反应动力学模型模拟的火焰预测温度偏高，而应用 ONERA 冲压发动机研究中使用的反应动力学模型[106]可使得预测值与试验值极为接近，通过对湍流模型常数进行修正可以使得模拟的喷射扩张角和可视火焰长度与试验结果吻合。

2011 年，法国 EM2C 实验室的 Schmitt 等[107]采用 LES 方式对跨临界液氧/甲烷燃烧进行了数值模拟。他们的模拟基于一种非预混的空间渗透燃烧模型，数值模拟的结果与现有的试验数据非常吻合，同时他们还对火焰结构和流动结构进行了测量。

上述以低温液体火箭发动机为研究背景的超临界燃烧研究已经开展多年，研究内容涉及火焰稳定、火焰形态、火焰扩张角和火焰驻留时间等诸多方面，并得出了系统的数值和试验结论。然而,目前以航空发动机、超燃冲压发动机和液氧/煤油火箭发动机等为研究背景,针对大分子碳氢燃料超临界燃烧的研究才刚刚起步。

西安航天动力研究所的薛帅杰等[108]采用了如图1-20所示的实验装置对煤油同轴离心喷嘴的超临界燃烧特性与火焰形态进行了试验研究,重点关注喷嘴缩进比对燃烧稳定性的影响,缩进比是同轴喷嘴设计中的重要参数,其定义为内流喷嘴缩进长度与内流出口直径之比。研究发现煤油同轴离心喷嘴的超临界燃烧火焰呈圆柱射流状,且无清晰的界面,火焰的锥角与喷雾锥角基本相等,燃烧稳定性受到喷嘴缩进比的影响,图1-21是不同缩进比下的超临界燃烧火焰形态。

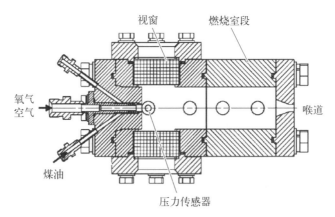

**图 1-20　薛帅杰等[108]开展煤油超临界燃烧
所采用的超临界燃烧室**

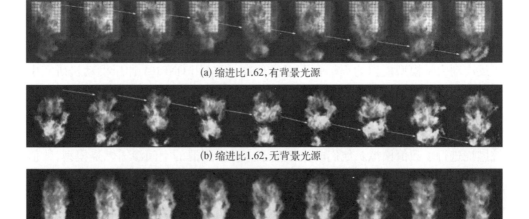

(a) 缩进比1.62,有背景光源

(b) 缩进比1.62,无背景光源

(c) 缩进比1.13,无背景光源

(d) 缩进比0.54,无背景光源

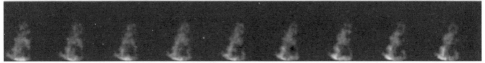

(e) 缩进比等于0,无背景光源

图 1-21 不同缩进比下超临界燃烧的火焰形态[108]

综上所述,常规亚临界条件下液态燃料需经历喷射、雾化和蒸发过程才能够组织燃烧,燃烧过程和火焰形态受到喷雾特性和蒸发速率的影响。而在超临界工况下,燃料的表面张力和蒸发潜热消失,相的界面不复存在,流场中的流体物性和空间分布呈现连续变化,燃料的超临界燃烧过程逐渐变为由混合过程来主导[109,110]。另外,目前有关超临界燃烧的研究中仍是以小分子燃料为主,针对液态碳氢燃料的研究极为少见,超临界燃烧过程的部分内在机理仍需深入研究。将超临界燃烧应用到未来高性能发动机的燃烧室中还存在诸多问题,依然任重而道远。

1.3.5 超临界液态碳氢燃料喷射燃烧应用研究

由于超临界燃油不仅具备了液态碳氢燃料高能量密度的优点,还具备了气态燃料便于快速组织燃烧的优点,所以将超临界燃油喷射燃烧应用于未来高性能航空航天发动机中,从理论上讲具有诸多优势。因此,近年来不断有学者们开始尝试将超临界燃料喷射燃烧应用于现有发动机中,并取得了一定的研究成果。

Lubarsky 等[111]采用如图 1-22 所示的实验装置,研究了吸气式高压燃烧室中正庚烷燃料逐渐由亚临界过渡至超临界过程中的燃烧不稳定现象,燃烧室的压力为 3.45 MPa,燃料的温度区间为 20～335℃,试验中观测到了两种形式的燃烧不稳定形态,发现燃烧的振荡受到燃料温度的直接影响。

在超燃冲压发动机的研制方面,中国科学院力学研究所的范学军等开展了大量以超临界航空煤油作为燃料的超声速燃烧试验研究。他们在马赫数为 2.5 的工况下,采用了压力为 3.8 MPa,温度为 730～740 K 的超临界航空煤油作为燃料,进行了超声速燃烧的试验研究,发现在相同的来流条件和当量比下,超临界煤油的燃烧效率比液态煤油提高了 10%～15%。他们还研究了超临界燃油的裂解效应对点火和燃烧特性的影响[112],分别在马赫数为 2.5 和 3.0 的工况下进行了验证,结果表明超临界燃油能够显著提高燃烧强度和燃烧效率。Zhang 等[113]以超临界航空煤油作为燃料,在马赫数分别为 2.5 和 3.0 的超声速燃烧室中开展了吹熄极限受来流总温和总压影响

图 1-22 吸气式高压燃烧室的实物照片[111]

的试验研究,发现超临界燃油的喷射位置对吹熄极限的影响占据了主导地位。

国防科学技术大学的王振国等[114-116]近年来也开展了大量以超临界航空煤油作为燃料的超燃冲压发动机试验。他们通过试验研究了当来流马赫数为2.92,总温为1 430 K的超声速燃烧室中超临界燃油分布供给的发动机特性[115],试验中所用燃油的温度为780 K,研究发现燃烧室释热区域的分布直接受到超临界燃油喷射位置的影响,通过优化燃油的喷射位置和流量可以将燃烧室的工作性能提升到最佳。Zhong等[116]研究了RP-3航空煤油的裂解效应对超声速燃烧室中燃烧特性的影响,试验中来流马赫数为3.46,来流总温为1 430 K,以乙烯作为航空煤油裂解产物的替代燃料并与气态航空煤油进行了对比试验,研究发现当量比较低时乙烯比气态航空煤油有明显的优势,但当量比达到1.09时乙烯和气态航空煤油的燃烧性能相差很小。

在将超临界燃料应用于爆震发动机的研究中,Tucker等[117]曾在研究中指出,当将JP-8燃料加热到闪蒸状态并用于爆震发动机时能够显著缩短点火延迟时间和爆燃向爆震转变(deflagration to detonation transition, DDT)时间。来自美国空军实验室的Helfrich等[118]也发现,当爆震发动机燃料被加热至超临界态时,发动机的工作稳定性能够显著提高。Helfrich和Schauer[119]通过如图1-23所示的实验装置对采用超临界JP-8燃料的脉冲爆震发动机(pulse detonation engine, PDE)进行了试验研究,主要关注超临界燃料的裂解效应对PDE工作性能的影响,分别对比研究了点火延迟时间、DDT时间和DDT距离等参数受燃料特性的影响,他们发现超临界燃料在绝大多数的当量比下均能显著缩短点火延迟时间、DDT时间和DDT距离。

总之,目前开展的超临界液态碳氢燃料在发动机中的应用研究还相对较少,所得出的试验规律和相关结论还不够完善,对于超临界燃料的具体燃烧性能以及其对发动机性能提升的作用机理有待进一步研究。

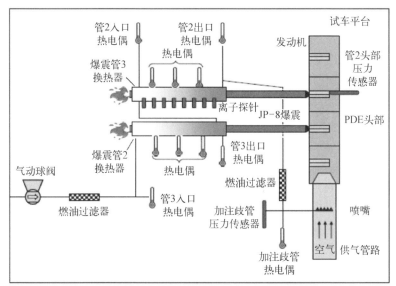

(a) 系统图

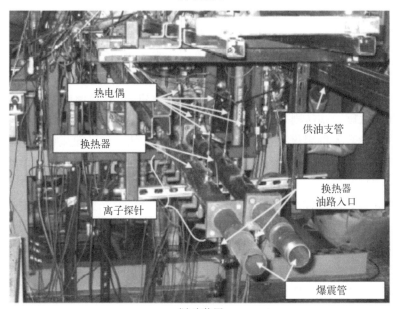

(b) 实物图

图 1-23 Helfrich 等采用的实验装置

1.4 液态碳氢燃料超临界喷射燃烧研究面临的挑战

总体而言,近 20 年来,由于未来航空航天装置的迫切需要,越来越多的国内外专家学者开始进行液态碳氢燃料的超临界喷射燃烧研究。但是,由于这尚属全新领域,仍面临着非常多的挑战。

首先,由于液态碳氢燃料(如航空煤油)属于混合物,物性变化较为复杂,超临界状态下的物性变化规律尚无定量数据,进行超临界液态碳氢燃料的物性计算和确定就是研究遇到的难题。

对于喷射燃烧来讲,现有领域的两种重要研究手段是数值仿真和试验研究。数值仿真中,物性及化学反应机理是仿真精度的保证。如何在仿真中真实考虑超临界喷射燃烧的物性剧烈变化、建立适用的化学反应机理,对目前的仿真体系来讲,都是巨大的挑战。超临界液态碳氢燃料喷射燃烧试验研究属极端条件,存在很多未知,如何选取适用的试验手段、应对试验中突发情况的预案等都需要进行非常深入周密的考虑。

1.4.1　复杂组分下的超临界物性计算模型准确性

众所周知,液态碳氢燃料的成分非常复杂。如航空煤油,它由多种组分组成,其超临界物性目前尚未有明确的定量数据,甚至尚无统一公认的临界点数据,这对建立超临界物性计算方法及模型造成了不小的困难。

液态碳氢燃料在加热后的真实气体效应非常显著,特别是接近临界状态或者处于超临界状态的时候,此时物性对温度、压力的变化将非常敏感,传统的针对液体或者气体采用单一状态方程来处理的方法将不再适用,目前研究表明需要采用对应的状态法则。该法则基于不同流体的状态曲线存在一定相似性这一事实,通过采用临界参数无量纲化状态变量,进行相似变换,从一种已知流体的状态求得未知流体的状态。但该法则并不具有完全普适性,因此需要发展各种理论对该法则进行修正。目前各方研究机构针对各种液态碳氢燃料(包括航空煤油)已经开发了比较多的方法,但修正方法都不太一致,目前尚处于进一步的发展当中。

如1.3.1节所述,以航空煤油这种复杂组分的液态碳氢燃料为例,要进行物性计算建模,首先要发展替代燃料模型。替代燃料模型采用尽可能少的配方组成燃料混合物来模拟真实燃料的物性,本质上是一种简化与理想性的处理方法。目前国内外诸多科研工作者针对航空煤油替代燃料模型进行了研究,发展了多种替代燃料模型,但是用于真实计算超临界及近临界状态下物性的精确程度都还未得到充分检验。同时替代燃料模型需要大量的基础试验数据作为支撑,目前尚未形成统一的体系,因此还存在非常大的挑战。

结合超临界状态流体物性复杂性及航空煤油组成复杂的两大特点,以航空煤油为代表的复杂组分液态碳氢燃料的超临界物性计算方法及模型的发展就显得难上加难。但是对于超临界航空煤油喷射燃烧领域理论体系建立来讲,这是奠基性研究,尤为重要。

对于接近临界点或者超临界的液态碳氢燃料,由于物性随压力和温度急剧变化,目前也还没有一个比较明确可靠的方法可以提供流量计算的理论依据。对于超临界喷射燃烧而言,燃料的流量特性是需要进行估算及可控的,而其计算的准确性和可信性也是依赖于物性计算模型的,因此物性计算模型的准确性是非常重要的,也是目前需要解决的核心技术难题之一。

1.4.2 相变及物性剧烈变化下的数值仿真精度保证

如前所述,在临界点附近,燃料的物性剧烈变化,同时存在一个高度瞬态相变过程(超临界瞬态蒸发)。因此超临界喷射燃烧数值研究中,气液两相界面相平衡及其演化过程的准确描述是关键问题。迄今为止,关于超临界喷射燃烧相关研究的模型均忽略了这一过程,而是直接将其视为高密度气相射流进行处理,这样势必造成仿真精度不高。

除了喷射过程的模拟难以与真实情况一致外,由于液态碳氢燃料(如航空煤油)组分复杂,化学反应机理的建立和在数值仿真中的应用直接影响喷射燃烧模拟的精度。目前,数值仿真研究中,所应用的常规燃烧过程航空煤油化学反应机理比较繁杂,尚无明确定论。超临界状态的燃烧过程所适用的化学反应机理更是无法确定。由于液态碳氢燃料(典型如航空煤油)超临界喷射燃烧过程所适用的化学反应机理的缺失,造成数值仿真研究结果的可信度和指导性都有疑问。恰当化学反应机理的建立和选取,也是超临界喷射燃烧数值研究中所必须攻克的一大难题,同时也是造成目前相关研究尚无里程碑式突破的问题之一。

同时对长期以来超临界喷射燃烧相关研究,进行整理后可以发现,喷射过程中的微观剧烈变化现象与常规喷射燃烧不同,存在严重的气液界面效应。因此可以得出以下初步结论:进行超临界喷射燃烧的数值模拟,需要着重对微观现象进行捕捉,才能保证仿真研究的有效性。这就对网格尺度、模拟方法的选取提出了更加严苛的要求。

综上,超临界喷射燃烧数值仿真研究中,仿真有效性与精度的保障,是研究过程中必然面对的挑战。

1.4.3 针对全新领域的恰当试验测试手段选取

从前文列举的超临界喷射燃烧的试验研究中不难看出,光学测量技术在其中扮演了重要角色。这是由于相关领域研究尚未形成体系,同时也需要对各种微观现象进行详细的研究。而光学测量技术虽然已经起步多年,但从国内的应用成熟度来讲,并未达到普及。同时,由于光学测量所涉及的技术原理较多,也有一定的门槛,同时测量条件要求也是比较苛刻的,如何成功应用至超临界喷射燃烧也是具有相当的难度和挑战的。

同时,诸如密度等的物性测量试验、喷射流量特性试验等相关基础性试验,则由于超临界流体与常规流体的显著差异,造成常规试验测试手段多数情况下趋于无效。因此,如何选取适用的测试手段、合理进行试验规划及成功进行试验实施,也是相关领域基础性试验研究所面临的重大挑战。

1.5　本书主要内容介绍

本书力图对液态碳氢燃料超临界喷射燃烧的研究现状和发展趋势进行比较全面的总结,然后系统阐述作者所在课题组近年来在国家自然科学基金、863计划及国家科技重大专项等资助下所取得的研究成果,主要包括航空煤油超临界物性及流量特性研究、航空煤油超临界蒸发喷射及掺混研究、航空煤油超临界基础燃烧特性研究等。

本书章节安排如下:第1章给出了液态碳氢燃料超临界喷射燃烧的定义分类,并总结了该领域的研究现状、工程意义与难点所在;第2章将试验手段与理论计算结合,获得了超临界航空煤油的物性随工况参数的变化规律;第3章介绍了现有超临界煤油流量测量的数值模拟与试验方法,并通过试验研究得出了煤油在跨/超临界工况下的流量变化;第4章通过试验揭示了航空煤油液滴在超临界环境下的蒸发特性;第5章采用多种测量手段,总结了煤油跨临界与超临界的喷射掺混特性随工况参数的变化;第6章阐述了超临界燃料喷射与燃烧数值仿真的可用模型与计算方法,并展示了所述方法的仿真结果;第7章通过试验手段,研究了超临界煤油扩散火焰的形态受煤油供给参数的影响;而在第8章中则分析了超临界航空煤油应用在各种动力装置中的可行性,并在脉冲爆震发动机上验证了应用超临界煤油带来的性能提升;最后第9章展望了液态碳氢燃料超临界喷射燃烧的未来研究重点及技术关键。

参考文献

[1]　Younossi O, Arena M V, Moore R M, et al. Military jet engine acquisition: Technology basics and cost-estimating methodology[M]. Santa Monica: RAND Corporation, 2002.

[2]　刘大响,金捷,彭友梅,等.大型飞机发动机的发展现状和关键技术分析[J].航空动力学报,2008,23(6): 22-26.

[3]　汤华.高马赫数涡轮发动机技术研究[J].战术导弹技术,2016(3): 71-76.

[4]　孙青梅,米镇涛,张香文.吸热型碳氢燃料RP-3仿JP-7临界性质(t_c、p_c)的测定[J].燃料化学学报,2006(4): 466-470.

[5]　Zhong F, Fan X, Wang J, et al. Characteristics of compressible flow of supercritical kerosene[J]. Acta Mechanica Sinica, 2012, 28(1): 8-13.

[6]　Wang N, Zhou J, Pan Y, et al. Experimental investigation on flow patterns of RP-3 kerosene

under sub-critical and supercritical pressures[J]. Acta Astronautica, 2014, 94(2): 834 – 842.

[7] Singla G, Scouflaire P, Rolon C, et al. Transcritical oxygen/transcritical or supercritical methane combustion[J]. Proceedings of the Combustion Institute, 2005, 30(2): 2921 – 2928.

[8] 杨亚政,李松年,杨嘉陵. 高超音速飞行器及其关键技术简论[J]. 力学进展,2007, 37(4): 537 – 550.

[9] KTH Royal Institute of Technology. High speed propulsion[R]. Stockholm: KTH-Rocket Propulsion Course, 2006.

[10] 吕晓红. 高超音速飞行器动力装置的研制问题[J]. 飞航导弹,1996, 2: 31 – 37.

[11] 董志国,王鸣,李晓欣,等. 航空发动机涡轮叶片材料的应用与发展[J]. 钢铁研究学报, 2011(S2): 455 – 457.

[12] Bruening G B, Chang W S. Cooled cooling air systems for turbine thermal management[C]. Indianapolis: ASME 1999 International Gas Turbine and Aeroengine Congress and Exhibition, 1999.

[13] 美国国家标准与技术研究院. 美国国家标准与技术研究院数据库[EB/OL]. [2022 – 10 – 01]. http: //webbook. nist. gov/.

[14] Hsiao G, Meng H, Yang V. Pressure-coupled vaporization response of n-pentane fuel droplet at subcritical and supercritical conditions[J]. Proceedings of the Combustion Institute, 2011, 33: 1997 – 2003.

[15] 吕静. 二氧化碳跨临界循环及换热特性的研究[D]. 天津: 天津大学,2005.

[16] 徐耀祖. 相变原理[M]. 北京: 科学出版社,2000.

[17] Ashgriz N. Handbook of atomization and sprays[M]. New York: Springer, 2011.

[18] Yang V. High-pressure combustion chamber dynamics[R]. Istanbul: International Symposium on Energy Conversion Fundamentals, 2004.

[19] Segal C, Polikhov S. Subcritical to supercritical mixing[J]. Physics of Fluids, 2008, 20(5): 52101.

[20] Oefelein J, Yang V, Oefelein J, et al. Analysis of hydrogen-oxygen mixing and combustion processes at high pressures[C]. Reno: 35th Aerospace Sciences Meeting and Exhibit, 1997.

[21] Yang V. Modeling of supercritical vaporization, mixing, and combustion processes in liquid-fueled propulsion systems[J]. Proceedings of the Combustion Institute, 2000, 28(1): 925 – 942.

[22] Singla G, Scouflaire P, Rolon C, et al. Transcritical oxygen/transcritical or supercritical methane combustion[J]. Proceedings of the Combustion Institute, 2005, 30(2): 2921 – 2928.

[23] Juniper M, Tripathi A, Scouflaire P, et al. Structure of cryogenic flames at elevated pressures [J]. Proceedings of the Combustion Institute, 2000, 28(1): 1103 – 1109.

[24] Chehroudi B, Talley D, Coy E. Visual characteristics and initial growth rates of round cryogenic jets at subcritical and supercritical pressures[J]. Physics of Fluids, 2002, 14(2): 850 – 861.

[25] Zong N, Meng H, Yang V. Cryogenic fluid injection and mixing at supercritical condition[C].

Reno：41st AIAA Aerospace Sciences Meeting and Exhibit, 2003.

[26] 解茂昭.内燃机跨临界/超临界燃料喷雾混合过程的机理与模型[J].燃烧科学与技术，2014,20(1)：1-9.

[27] 周养群.中国油品及石油精细化学品手册[M].北京：化学工业出版社,2003.

[28] 范学军,俞刚.大庆 RP-3 航空煤油热物性分析[J].推进技术,2006,27(2)：187-192.

[29] Dagaut P. On the kinetics of hydrocarbons oxidation from natural gas to kerosene and diesel fuel[J]. Physical Chemistry Chemical Physics, 2002, 11(4)：2079-2094.

[30] Violi A, Eddings E, Sarofim F. Experimental formulation and kinetic model for JP-8 surrogate mixtures[J]. Combustion Science and Technology, 2002, 174(11)：399-417.

[31] Wood C, Mcdonnell V, Smith R. Development and application of a surrogate distillate fuel[J]. Journal of Propulsion and Power, 1989, 5(4)：399-405.

[32] Edwards T, Maurice L. Surrogate mixtures to represent complex aviation and rocket fuels[J]. Journal of Propulsion and Power, 2001, 17(2)：461-466.

[33] Huber L, Lemmon W, Bruno J. Surrogate mixture models for the thermophysical properties of aviation fuel Jet-A[J]. Energy Fuels, 2010, 24(10)：3565-3571.

[34] Lin R, Tavlarides L L. Thermophysical properties needed for the development of the supercritical diesel combustion technology：Evaluation of diesel fuel surrogate models[J]. The Journal of Supercritical Fluids, 2012,71：136-146.

[35] Li Y, Huai X, Cai J. Convective heat transfer characteristics of china RP-3 aviation kerosene at supercritical pressure[J]. Applied Thermal Engineering, 2011, 31：2360-2366.

[36] Dagaut P. On the kinetics of hydrocarbons oxidation from natural gas to kerosene and diesel fuel[J]. Physical Chemistry Chemical Physics, 2002, 4：2079-2094.

[37] 范珍涔,范玮.流动参数对超临界喷射特性影响的数值模拟[J].航空学报,2013,34(5)：1045-1057.

[38] 范珍涔.液态碳氢燃料闪蒸及超临界喷射研究[D].西安：西北工业大学. 2013.

[39] 范珍涔,范玮,靳乐.PR 状态方程在超临界喷射模型中的应用[J].航空发动机,2015,41(4)：12-17.

[40] Peng D, Robinson D. A new two-constant equation of state[J]. Industrial and Engineering Chemistry Fundamentals, 1976, 15(1)：59-64.

[41] Redlich O, Kwong J. On the thermodynamics of solutions；An equation of state；Fugacities of gaseous solutions[J]. Chem Reviews, 1949, 44(1)：233-237.

[42] Soave G. Equilibrium constants from a modified Redlich-Kwong equation of state [J]. Chemical Engineering Science, 1972, 27：1197-1204.

[43] Lee B, Kesler M. A generalized thermodynamic correlation based on three-parameter corresponding states[J]. AIChe Journal, 1975, 21(3)：510-527.

[44] Soave G. Improvement of the Van der Waals equation of state[J]. Chemical Engineering Science, 1984, 39(2)：357-369.

[45] Stryjek R, Vera J. An improved Peng-Robinson equation with new mixing rules for strongly nonideal mixtures[J]. The Canadian Journal of Chemical Engineering, 1986, 64：323-333.

[46] Schwartzen T, Galivel S, Renon H. Representation of the vapor-liquid equilibrium of the ternary system carbon dioxide-propane-methanol and its binaries with a cubic equation of state：

A new mixing rule[J]. Fluid Phase Equilibria, 1987, 38(3): 217 - 226.

[47] Reid R, John M, Bruce E. The prosperities of gases and liquids[M]. Singapore: McGraw Hill International Editions, 1989.

[48] Ely J, Hanley H. Prediction of transport properties. 1. Viscosity of fluids and mixtures[J]. Industrial and Engineering Chemistry Fundamentals, 1981, 20(4): 323 - 332.

[49] Ely J, Hanley H. Prediction of transport properties. 2. Thermal-conductivity of pure fluids and Mixtures[J]. Industrial and Engineering Chemistry Fundamentals, 1983, 1(22): 90 - 97.

[50] Chung T, Ajlan M, Lee K. Generalized multiparameter corresponding state correlation for polyatomic, polar fluid transport prosperities [J]. Industrial and Chemical Engineering Research, 1988, 77: 671 - 679.

[51] Ely J, Huber M. NIST standard reference database 4-NIST thermophysical properties of hydrocarbon mixtures [M]. Gaithersburg: National Institute of Standards and Technology, 2007.

[52] Congiunti A, Bruno C, Ciacomazzi E. Supercritical combustion properties[C]. Reno: 41st Aerospace Sciences Meeting and Exhibit, 2003.

[53] 张春本,邓宏武,徐国强. 超临界压力下航空煤油 RP - 3 焓值的测量及交换热研究[J]. 航空动力学报,2010,25: 331 - 335.

[54] Zhang C, Xu G, Gao L. Experimental investigation on heat transfer of a specific fuel (RP - 3) flows through downward tubes at supercritical pressure[J]. Journal of Supercritical Fluids, 2012, 72: 90 - 99.

[55] Deng H, Zang C, Xu G, et al. Density measurements of endothermic hydrocarbon fuel at sub- and supercritical conditions[J]. Journal of Chemical and Engineering Data, 2011, 56: 2980 - 2986.

[56] Deng H, Zang C, Xu G. Viscosity measurements of endothermic hydrocarbon fuel from (298 to 788) K under supercritical pressure conditions[J]. Journal of Chemical and Engineering Data, 2012,57(2): 358 - 365.

[57] Deng H, Zhu K, Xu G. Isobaric specific heat capacity measurement for kerosene RP - 3 in the near-critical and supercritical regions[J]. Journal of Chemical and Engineering Data, 2012, 57: 263 - 268.

[58] 周海鹏,闻洁,邓宏武. 多组分碳氢燃料 RP - 3 导热系数实验[J]. 北京航空航天大学学报,2013,39(10): 1387 - 1391.

[59] Christen L, Miser P, King I. PDE flash vaporization system for hydrocarbon fuel using thrust tube waste heat[C]. Tucson: 41st AIAA/ASME/SAE/ASEE Joint Propulsion Conference and Exhibit, 2005.

[60] Wu P, Chen T, Nejad A, et al. Injection of supercritical ethylene into nitrogen[J]. Journal of Propulsion and Power, 1996, 12(4): 770 - 777.

[61] 范学军,俞刚,卢锡年,等. 超临界态航空煤油流量测量方法[P]. 中国: CN1333238C, 2005.

[62] Rosner D, Chang W. Transient evaporation and combustion of a fuel droplet near its critical-temperature[J]. Combustion Science and Technology, 1973, 7(4): 145 - 158.

[63] 严传俊,范玮. 燃烧学[M]. 西安: 西北工业大学出版社,2005.

［64］ Givler S D，Abraham J. Supercritical droplet vaporization and combustion studies［J］. Progress in Energy and Combustion Science，1996，22：1－28.

［65］ Nomura H，Rath H J，Sato J. Experimental study on high pressure droplet evaporation using microgravity conditions［J］. Proceedings of the Combustion Institute，1996，26（1）：1267－1273.

［66］ Curtis E，Farrell P. A numerical study of high-pressure droplet vaporization［J］. Combustion and Flame，1992，90（2）：85－102.

［67］ Sirignano W，Delplanque J. Transcritical vaporization of liquid fuels and propellants［J］. Journal of Propulsion and Power，1999，15（6）：896－902.

［68］ Hsieh K，Shuen J，Yang V. Droplet vaporization in high-pressure environments 1：Near-critical conditions［J］. Combustion Science and Technology，1991，76：111－132.

［69］ 李云清，钱耀义，罗滇生. 单滴碳氢燃料的燃烧特性［J］. 燃烧科学与技术，2000，6（4）：320－325.

［70］ 李云清，何鹏. 超临界环境下燃料液滴蒸发过程的计算研究［J］. 内燃机学报，2008，26（1）：56－61.

［71］ 李云清，王宏楠，王德福. 丁烷-空气超临界燃烧中温度对迁移过程的影响［J］. 内燃机学报，2008，26（2）：168－172.

［72］ 李云清，王宏楠，陈威. 亚临界和超临界压力下燃料液滴的蒸发特性［J］. 燃烧科学与技术，2010，16（4）：287－294.

［73］ Hartfield J，Farrell P. Droplet vaporization in a high-pressure gas［J］. Journal of Heat Transfer-Transactions of the ASME，1993，115（3）：699－706.

［74］ Matlosz R L，Leipziger S，Torda T P. Investigation of liquid drop evaporation in a high temperature and high pressure environment［J］. International Journal of Heat and Mass Transfer，1972，15（4）：831－852.

［75］ Hiroyasu H，Kadota T. Droplet evaporation in a pressurized and heated ambient gas［J］. International Journal Series B：Fluids and Thermal Engineering，1974，40：3147－3155.

［76］ Doungthip T，Ervin J，Williams T. Studies of injection of jet fuel at supercritical conditions［J］. Industrial and Engineering Chemistry Research，2002，41（23）：5856－5866.

［77］ 范学军，俞刚. 超临界煤油超声速燃烧特性实验［J］. 推进技术，2006，27（1）：79－82.

［78］ Yu G，Li J，Zhao Z. Investigation of vaporized kerosene in a supersonic model combustor［C］. Norfolk：12th AIAA International Space Planes and Hypersonic Systems and Technologies，2003.

［79］ Yu G，Fan X，Li J. Characterization of a supersonic model combustor with partially-cracked kerosene［C］. Tucson：41st AIAA/ASME/SAE/ASEE Joint Propulsion Conference and Exhibit Arizona，2005.

［80］ Fan X，Yu G，Li J. Performance of a supersonic model combustor using vaporized kerosene injection［C］. Fort Lauderdale：40th AIAA/ASME/SAE/ASEE Joint Propulsion Conference and Exhibit，2004.

［81］ 梁获胜，高伟，许全宏，等. 超临界航空煤油喷射到大气环境的喷射特性［J］. 航空动力学报，2009，24（6）：1258－1263.

［82］ 高伟，林宇震，梁获胜，等. 超临界航空煤油喷射的射流结构及相变过程［J］. 航空动力学

报,2009,24(12):2661-2665.

[83] 高伟,林宇震,付镇柏,等. 超临界正十烷喷射到大气环境的喷射特性[J]. 航空动力学报, 2010,25(9):1984-1988.

[84] 高伟,张弛,林宇震,等. 超临界正十烷/正戊烷混合物的喷射特性[C]. 黄山:第二届高超声速科技学术会议,2009.

[85] Kadota T, Satoh K, Segawa D, et al. Autoignition and combustion of a fuel droplet in supercritical gaseous environments under microgravity [J]. Symposium (International) on Combustion/The Combustion Institute, 1998, 27(2):2595-2601.

[86] Segawa D, Kadota T, Nakainkyo A. Effects of ambient pressure on autoignition of a fuel droplet in supercritical and microgravity environment [J]. Proceedings of the Combustion Institute, 2000, 28(1):1063-1069.

[87] Feng S, Nie W. Vaporization and combustion of LOX droplets at supercritical conditions[C]. Honolulu: 42nd AIAA Thermophysics Conference, 2011.

[88] Mayer W, Ivancic B, Schik A, et al. Propellant atomization and ignition phenomena in liquid oxygen/gaseous hydrogen rocket combustors[C]. Cleveland: 34th AIAA/ASME/ASEE Joint Propulsion Conference and Exhibit, 1998.

[89] Juniper M, Tripathi A, Scouflaire A, et al. Structure of cryogenic flames at elevated pressures [J]. Proceedings of the Combustion Institute, 2000, 28(1):1103-1109.

[90] Singla G, Scouflaire P, Rolon C, et al. Planar laser-induced fluorescence of OH in high-pressure cryogenic LOx/GH$_2$ jet flames[J]. Combustion and Flame, 2006, 144(1-2):151-169.

[91] Smith J, Schneider G, Suslov D, et al. Steady-state high pressure LOx/H$_2$ rocket engine combustion[J]. Aerospace Science and Technology, 2007, 11:39-47.

[92] Smith J. High pressure LOx/H$_2$ rocket engine combustion[D]. Adelaide: The University of Adelaide, 2006.

[93] Zurbach S, Thomas J, Verplancke C, et al. LOX/Methane studies for fuel rich preburner[C]. Huntsville: 39th AIAA/ASME/SAE/ASEE Joint Propulsion Conference and Exhibit Alabama, 2003.

[94] Singla G, Scouflaire P, Rolon C, et al. Transcritical oxygen/transcritical or supercritical methane combustion[J]. Proceedings of Combustion Institute, 2005, 30(2):2921-2928.

[95] Salgues D, Mouis A, Lee S, et al. Shear and swirl coaxial injector studies of LOX/GCH4 rocket combustion using non-intrusive laser diagnostics [C]. Reno: 44th AIAA Aerospace Sciences Meeting and Exhibit Nevada, 2006.

[96] Oefelein J, Yang V. Modeling high-pressure mixing and combustion processes in liquid rocket engines[J]. Journal of Propulsion and Power, 1998, 14(5):843-857.

[97] Zong N, Yang V. Near-field flow and flame dynamics of LOX/methane shear-coaxial injector under supercritical conditions[J]. Proceedings of Combustion Institute, 2007, 31(2):2309-2317.

[98] Oefelein J. Thermophysical characteristics of shear-coaxial LOX-H$_2$ flames at supercritical pressure[J]. Proceedings of Combustion Institute, 2005, 30(2):2929-2937.

[99] Lacaze G, Oefelein J. A non-premixed combustion model based on flame structure analysis at

supercritical pressures[J]. Combustion and Flame, 2012, 159(6): 2013 - 2087.

[100] Ierardo N, Congiunti A, Bruno C. Mixing and combustion in supercritical O_2/CH_4 liquid rocket injectors[C]. Reno: 42nd AIAA Aerospace Sciences Meeting and Exhibit Nevada, 2004.

[101] Minotti A, Bruno C. Comparison between real and ideal sub and supercritical combustion simulations of $LO_2 - CH_4$ LRE flames at 15 MPa[C]. Reno: 46th AIAA Aerospace Sciences Meeting and Exhibit Nevada, 2008.

[102] Tramecourt N, Menon S. LES of supercritical combustion in a gas turbine engine[C]. Fort Lauderdale: 40th AIAA/ASME/SAE/ASEE Joint Propulsion Conference and Exhibit, 2004.

[103] Lal M, Oljaca M, Lubarsky E, et al. Controllable injection for supercritical combustion[C]. Fort Lauderdale: 40th AIAA/ASME/SAE/ASEE Joint Propulsion Conference and Exhibit Florida, 2004.

[104] Benarous A, Liazid A. $H_2 - O_2$ supercritical combustion modeling using a CFD code[J]. Thermal Science, 2009, 13(3): 139 - 152.

[105] Thomas J, Zurbach S. Test case RCM3: Supercritical spray combustion at 60bars at Mascotte [M]. Lampoldhausen: German Aerospace Center, 2001.

[106] Gaffie D, Wepler U, Magre P, et al. Numerical investigation of supersonic reacting hydrogen jets in a hot air coflow[C]. Tokyo: 10th AIAA/NAL - NASDA - ISAS International Space planes and Hypersonic Systems and Technologies Conference, 2001.

[107] Schmitt T, Mery Y, Boileau M, et al. Large-eddy simulation of oxygen/methane flames under transcritical conditions[J]. Proceedings of the Combustion Institute, 2011, 33(1): 1383 - 1390.

[108] 薛帅杰,杨岸龙,杨伟东,等. 煤油同轴喷嘴超临界燃烧与火焰特性实验研究[J]. 推进技术,2015,36(9): 1281 - 1287.

[109] 张蒙正,汪亮,张志涛. 同轴离心式喷注器火焰特性实验研究[J]. 燃烧科学与技术, 2008, 14(1): 1 - 5.

[110] 王枫,李龙飞,张贵田. 喷嘴结构对液氧煤油火箭发动机高频燃烧不稳定性的影响[J]. 实验力学,2012,27(4): 179 - 182.

[111] Lubarsky E, Shcherbik D, Scarborough D, et al. Onset of combustion instabilities during transition to supercritical fuel injection in high pressure combustor[C]. Reno: ASME Turbo Expo 2005: Power for Land, Sea, and Air, 2005.

[112] Fan X, Yu G, Li J, et al. Combustion and ignition of thermally cracked kerosene in supersonic model combustors[J]. Journal of Propulsion and Power, 2007, 23(2): 317 - 324.

[113] Zhang T, Wang J, Qi L, et al. Blowout limits of cavity-stabilized flame of supercritical kerosene in supersonic combustors[J]. Journal of Propulsion and Power, 2014, 30(5): 1161 - 1167.

[114] 余勇,丁猛,刘卫东,等. 煤油超音速燃烧的试验研究[J]. 国防科技大学学报,2004, 26(1): 1 - 4.

[115] Sun M, Zhong Z, Liang J, et al. Experimental investigation of supersonic model combustor with distributed injection of supercritical kerosene[J]. Journal of Propulsion and Power, 2014, 30(6): 1537 - 1342.

[116] Zhong Z, Wang Z, Sun M. Effects of fuel cracking on combustion characteristics of a supersonic model combustor[J]. Acta Astronautica, 2015, 110: 1-8.

[117] Tucker K, King P, Bradley R, et al. The use of a flash vaporization system with liquid hydrocarbon fuels in a pulse detonation engine[C]. Reno: 42nd AIAA Aerospace Sciences Meeting and Exhibit, 2004.

[118] Helfrich T, King P, Hoke J, et al. Effect of supercritical fuel injection on the cycle performance of a pulsed detonation engine[C]. Sacramento: 42nd AIAA/ASME/SAE/ASEE Joint Propulsion Conference and Exhibit, 2006.

[119] Helfrich T, Schauer F. Evaluation of catalytic and thermal cracking in a JP-8 fueled pulsed detonation engine[C]. Reno: 45th AIAA Aerospace Sciences Meeting and Exhibit, 2007.

第2章
超临界航空煤油物性研究

超临界态燃料特殊的物性使得超临界喷射和燃烧过程与亚临界工况迥然不同,因此深入了解常用液态碳氢燃料的超临界物性是开展相关研究的基础。本章介绍了超临界 RP‒3 航空煤油的物性测量及计算方法,获得了 RP‒3 航空煤油的部分物性数据,包括临界区间、密度、泡点、露点、黏性、比定压热容和导热系数。

2.1 组 分 构 成

我国航空发动机使用的主要燃料为 RP‒3 航空煤油,属于混合物型碳氢燃料。通常其组分构成较为复杂,种类多达上千种,同时其具体成分还会随型号、产地等因素的改变而改变,给研究带来很大困难。本书采用的 RP‒3 航空煤油由齐鲁石化炼油厂生产,为了保证研究的科学性,首先对所用燃料的组分构成进行了测量和分析,通过安捷伦 GC6890‒MS5973 气相质谱色谱联用仪对 RP‒3 航空煤油的组分进行检测,共检测出主要组分 200 余种。为了统计和分析方便,本书只在表 2‒1 中列出 51 种含量较高的组分。从中可以看出,RP‒3 航空煤油的组分中不仅包含了烷烃、环烷烃和苯类化合物,还包含了多种萘类化合物。

表 2‒1 RP‒3 航空煤油的主要组分构成

成 分	质量分数	成 分	质量分数
1‒乙基‒2‒甲基苯(C_9H_{12})	4.029%	1‒甲基‒2‒(1‒甲基乙基)‒苯($C_{10}H_{14}$)	1.712%
1,2,3‒三甲基苯(C_9H_{12})	4.323%	1‒乙基‒2,4‒二甲基苯($C_{10}H_{14}$)	2.277%
1,2,4‒三甲基苯(C_9H_{12})	3.175%	1‒乙基‒2,4,5‒三甲基苯($C_{11}H_{16}$)	1.502%
1,2,3,4‒四甲基苯($C_{10}H_{14}$)	3.025%	壬烷(C_9H_{20})	1.723%
1‒甲基‒4‒(1‒甲基乙基)‒苯($C_{10}H_{14}$)	2.097%	环己烷(C_6H_{12})	4.274%

成　分	质量分数	成　分	质量分数
甲基环己烷(C_7H_{14})	1.243%	(1,3-二甲基丁基)-环己烷($C_{12}H_{24}$)	2.515%
二甲基环己烷(C_8H_{16})	0.685%	2-甲基萘($C_{11}H_{10}$)	3.785%
三甲基环己烷(C_9H_{18})	1.836%	1,2,3,4-四氢化萘($C_{10}H_{12}$)	3.090%
1-乙基环己烯(C_8H_{14})	2.242%	2,3-二甲基十氢化萘($C_{12}H_{22}$)	1.146%
(2-甲基丙基)-环己烷($C_{10}H_{20}$)	2.749%	二甲基萘($C_{12}H_{12}$)	0.163%
1-乙基-3-甲基环己烷(C_9H_{18})	1.834%	辛烷(C_8H_{18})	0.886%
3,7-二甲基壬烷($C_{11}H_{24}$)	1.067%	4-甲基辛烷(C_9H_{20})	0.643%
环戊烷(C_5H_{10})	0.850%	2,6-二甲基辛烷($C_{10}H_{22}$)	2.398%
癸烷($C_{10}H_{22}$)	1.444%	4-乙基辛烷($C_{10}H_{22}$)	0.996%
4-甲基癸烷($C_{11}H_{24}$)	3.025%	十五烷($C_{15}H_{32}$)	0.955%
2,6-二甲基癸烷($C_{12}H_{26}$)	1.730%	十三烷($C_{13}H_{28}$)	2.098%
十二烷($C_{12}H_{26}$)	4.417%	6-环己基十三烷($C_{19}H_{38}$)	0.549%
2,6,10-三甲基十二烷($C_{15}H_{32}$)	0.983%	7-甲基十三烷($C_{14}H_{30}$)	1.354%
2-甲基十二烷($C_{13}H_{28}$)	1.368%	十四烷($C_{14}H_{30}$)	0.856%
萘烷($C_{10}H_{18}$)	3.120%	十四烷醇($C_{14}H_{30}O$)	3.351%
二十七烷醇($C_{27}H_{56}O$)	0.645%	十一烷($C_{11}H_{24}$)	3.439%
3-甲基二十一烷($C_{22}H_{46}$)	0.952%	4-甲基十一烷($C_{12}H_{26}$)	0.837%
庚烷(C_7H_{16})	1.378%	2,6-二甲基十一烷($C_{14}H_{30}$)	2.205%
甲基庚烷(C_8H_{18})	0.915%	5-甲基十一烯($C_{12}H_{24}$)	1.900%
十六烷($C_{16}H_{34}$)	0.216%	对二甲苯(C_8H_{10})	1.289%
1-乙基-4-(1-甲基乙基)-苯($C_{11}H_{16}$)	0.616%	其他	4.094%

在 RP-3 航空煤油的所有组分中,烷烃和环烷烃的质量分数最高,苯类居其次,各组分所含碳原子数从 C_5~C_{22} 不等,C_9~C_{12} 的组分含量最高。图 2-1 和表 2-2 分别是 RP-3 航空煤油主要组分中含不同碳原子数组分的质量分数以及不同类型化合物的质量分数。通过统计计算得出:RP-3 航空煤油的平均化学式为 $C_{10.623}H_{19.687}$,平均相对分子质量为 147.2 g/mol。

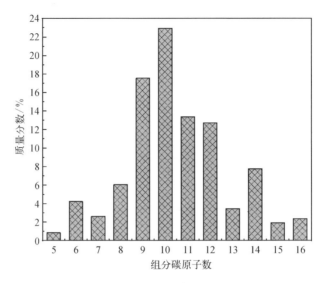

图 2-1　RP-3 航空煤油中不同碳原子数组分所占质量分数

表 2-2　RP-3 航空煤油中不同类型化合物的质量分数

组　分	烷烃	环烷烃	苯类	萘类	其他
质量分数/%	42.330	21.348	24.045	8.184	4.094

2.2　临界区间的试验测量

2.2.1　测量方法

临界点附近工质的密度梯度变化剧烈,从而引起光线的折射和散射,会使得原本透明的工质变成乳白色,因此当工质处于临界点或临界点附近时,会出现临界乳光现象。Krishnan[1] 最早描述了乳光现象的作用机制,发现透过工质的平均散射光强度满足下式关系。

$$\bar{I} \propto \frac{1}{T - T_\mathrm{c}} \tag{2-1}$$

式中,T_c 代表工质的临界温度,说明当工质温度接近临界温度时工质的散射光强度将变为零,因此可以根据工质出现乳光现象的强弱来推测其临界点。

为了获得 RP-3 航空煤油的临界区间,试验中将航空煤油在密闭容腔中加温加压至超临界状态,并在此过程中采用高速摄像机透过玻璃视窗记录其相变过程,根据相变过程中出现乳光现象的剧烈程度确定其临界点区间,测量原理如图 2-2 所示。

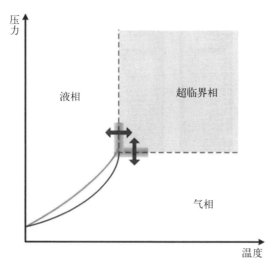

图 2 - 2　超临界相变的试验过程示意图

2.2.2　相变形态随温度的变化

试验中分别观测 2.20 MPa、2.35 MPa、2.44 MPa、2.53 MPa 和 2.80 MPa 压力下工质温度从 350℃上升到 400℃过程中的乳光现象,图 2 - 3 是 2.35 MPa 压力下航空煤油随温度升高过程的相变规律。通过观察可以发现,相变过程中工质的体积随着温度的升高而逐渐增大,主要可以分为以下几个阶段: ① 当温度在 374.2℃以下时,工质主要以液态存在,液面清晰可见;② 当温度高于 375.5℃时,液面逐渐开始模糊,一层絮状物质开始漂浮于液面之上;③ 随着温度继续升高,絮状物逐渐加厚且颜色加深,工质的透光性逐渐降低;④ 当温度达到 379.1℃时,工质的透光性急剧减弱,绝大部分工质变成了絮状;⑤ 当温度处于 379.1～383.9℃时,工质的透光率几乎为零;⑥ 当温度高于 383.9℃时,絮状物逐渐消失,工质通透性逐渐增强,工质与上部气体间的分界面变得模糊不清;⑦ 随着温度继续升高,工质的体积继续膨胀并逐渐充满整个腔体,此时工质完全以超临界态存在。

超临界态 RP-3 航空煤油呈淡黄色,其虽然能够如气体一样充满整个腔室,但颜色却由上向下逐渐加深,腔体底部始终存在液体残留,即使工质温度已经远高于临界温度(试验中达到的最高温度为 406.8℃),液体残留也不会消失,如图 2 - 4 所示。说明在超临界工况下 RP-3 航空煤油的各组成成分并非均匀分布,液体残留可能是由组分中临界参数较高的高碳化合物组成。

当压力为 2.44 MPa 和 2.53 MPa 时,工质也会出现较为明显的乳光现象,整个相变过程与 2.35 MPa 时相似。但 2.44 MPa 和 2.53 MPa 压力下乳光持续的温度区间较之 2.35 MPa 时变窄,分别为 379.8～384.1℃和 381.7～383.6℃。当压力为 2.20 MPa 时,

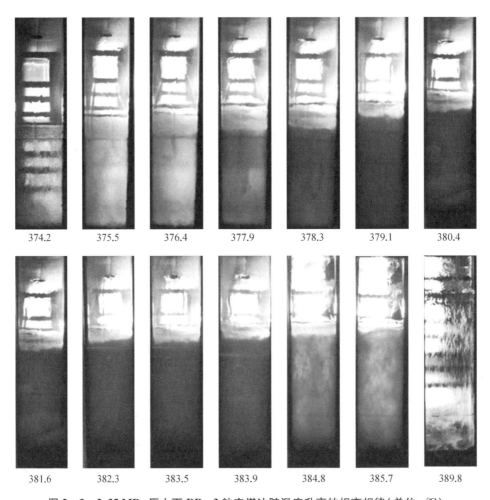

| 374.2 | 375.5 | 376.4 | 377.9 | 378.3 | 379.1 | 380.4 |

| 381.6 | 382.3 | 383.5 | 383.9 | 384.8 | 385.7 | 389.8 |

图 2-3　2.35 MPa 压力下 RP-3 航空煤油随温度升高的相变规律(单位:℃)

图 2-4　超临界 RP-3 航空煤油中的液体残留
(2.44 MPa,406.8℃)

加热过程中乳光现象不够明显,不会出现如 2.35 MPa 时透光率为零的现象,而只是当温度处于 371.4~376.8℃之间时出现了絮状物漂浮于液面的现象,如图 2 - 5 所示。

2.80 MPa 高于 RP - 3 航空煤油主要组分的临界压力,当工质温度达到 386.7℃时,工质的主要组分已经处于超临界状态,故无液面存在,随着温度的升高,液面逐渐模糊,整个升温阶段工质的通透性一直较好,并未出现明显的乳光现象。然而,此时工质中包含的高临界参数组分会以液态存在于容腔底部,当温度升高并达到这些组分的临界温度时便会出现图 2 - 6 中所示的底部乳光现象。

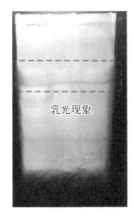

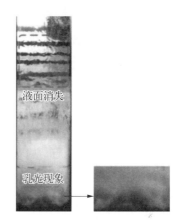

图 2 - 5　压力为 2.20 MPa 时的临界乳光现象　　图 2 - 6　压力为 2.80 MPa 时的临界乳光现象

作者团队还研究了 2.20 MPa、2.35 MPa、2.44 MPa、2.53 MPa 和 2.80 MPa 压力下 RP - 3 航空煤油定压降温过程中的临界相变和乳光现象,如图 2 - 7 所示。

整个降温过程中,工质逐渐由超临界态回归液态,主要分为以下几个阶段: ① 当温度高于 387.1℃时,工质主要以超临界态存在并完整充满整个腔室;② 当温度处于 384.6~386.4℃时,腔室底部的颜色逐渐加深,腔室上部出现液雾;③ 当温度处于 378.7~382.8℃时,腔室底部开始出现乳光现象,可以发现此温度区间稍低于温度升高过程中出现乳光时的温度区间,这种乳光的“迟滞现象”可能与温度测量的迟滞有关,文献[2]中也曾观测到了六氟化硫的乳光迟滞现象;④ 当温度为 378.7℃时液面首次出现,但此时通透性较差;⑤ 当温度低于 377.9℃时,液面逐渐升高并变得清晰,但由于相变过程中凝结形成的工质液滴很难在短时间内溶于液面,液面上部始终有液雾漂浮,必须静置一段时间后才会慢慢消失。因此可以认为降温过程中出现的相变形态与升温过程不完全可逆。

此外,由于超临界流体具有较好的溶解特性,高温下铸铁材质腔室内壁面上的铁锈溶解于超临界流体,因此在试验中可以发现当 RP - 3 航空煤油由超临界态恢复至液态以后颜色会变深,如图 2 - 8 所示。

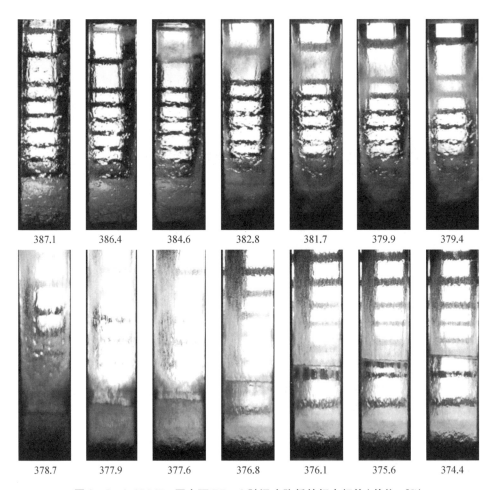

图 2-7　2.35 MPa 压力下 RP-3 随温度降低的相变规律(单位:℃)

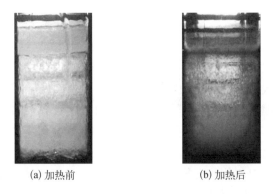

　　(a) 加热前　　　　　　　　　(b) 加热后

图 2-8　液态航空煤油在加热至超临界态前后的颜色对比

2.2.3　相变形态随压力的变化

本书选用乳光现象较为明显的 381.4℃作为测试温度,分别通过降低和升高腔室压力,来研究压力对 RP - 3 航空煤油的临界相变和乳光现象的影响。图 2 - 9 是 381.4℃的 RP - 3 航空煤油随压力降低的形态变化。可以看出:① 当压力高于 2.550 MPa 时,工质的通透性稍好;② 当压力处于 2.463~2.550 MPa 时,乳光开始出现,工质的通透性减弱;③ 当压力处于 2.373~2.431 MPa 时,工质的通透性减为零;④ 当压力处于 2.307~2.330 MPa,液面首次出现,工质通透性稍有提高;⑤ 当压力小于 2.307 MPa 时,液面逐渐清晰,且通透性不断提高,此时液面以下的液体体积仅占降压前工质总体积的 2/5 左右。

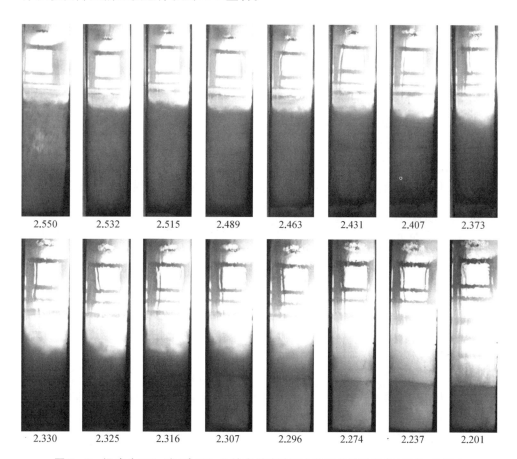

图 2 - 9　温度为 381.4℃时 RP - 3 航空煤油随压力降低的试验现象(单位: MPa)

此外,在后续的研究中发现,升压过程中出现的试验现象将完全不同于降压过程。在升压过程中,乳光现象对压力变化极为敏感,极小的压力提高就能够使乳光现象立刻消失。这是由于混合物燃料中不同组分的临界压力不同,各组分在不同的压力下产生乳光现象。随着压力升高,较低临界压力组分的乳光现象会迅速消失,而较高临界压力组分的乳光出现存在一定时间间隔。可见,RP－3航空煤油升压过程中出现的临界相变现象与降压过程完全不可逆。

2.2.4　临界区间的选定

RP－3航空煤油作为由诸多复杂组分构成的混合物,其临界点已不再如纯净物那样是一个确定的点,而是一个区间,所以其临界点附近的物性也不再像纯净物那样敏感。通常,确定混合物的临界参数较之纯净物要复杂得多,其临界物性往往是由其所包含的所有主要组分所综合呈现出来的性质。本书中将RP－3航空煤油临界区间定义乳光现象最为剧烈的温度和压力区间,得到RP－3的临界温度区间为379.1~383.9℃,临界压力区间为2.373~2.431 MPa。

2.3　密度试验测量及计算方法研究

2.3.1　试验测试方法探索

2.3.1.1　实验装置

要想准确测量不同工况下航空煤油的密度,最直接的方法就是测量不同温度和压力下特定质量航空煤油的体积。由于超临界工况下航空煤油的密度对压力和温度的变化十分敏感,测量过程中应考虑到体积膨胀给密度测量带来的困难。为此本书设计了一种气动驱动活塞式的超临界航空煤油密度测量装置,如图2－10所示。

该装置的上下壳体间由螺栓连接形成密闭容腔,容腔内部被可移动的活塞隔开,两侧腔体分别作为密度的测量腔和驱动氮气腔,通过活塞的移动调节两个容腔的体积分配,来满足不同工况下航空煤油受热膨胀的要求。测量前采用精密天平称取特定质量的航空煤油注入密度测量腔内,调节可移动活塞使得煤油全部充满测量腔。可移动活塞上连接有带刻度的活塞杆,活塞杆穿过驱动氮气腔伸出腔外,通过读取不同工况下活塞杆的读数可以得到密度测量腔中的煤油体积,进而计算不同工况下的煤油密度值。

试验中通过精密的压力调节阀调节氮气驱动腔中的压力,从而间接调节密度测量腔中

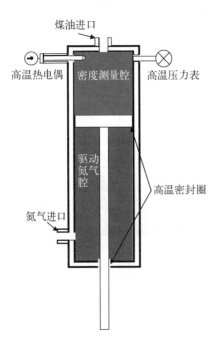

图2－10　密度测量装置原理图

的压力。测量腔采用外置电加热方式,并通过精密温控仪来进行控制。测量过程中通过持续振荡的方式来保证密度测量腔中介质受热的均匀性。

2.3.1.2　试验结果

由于试验中密封装置的耐温和耐压极限的制约,试验中仅测量了压力范围为 1.2~4.0 MPa、温度范围 20~400℃时航空煤油的密度值。

1. 密度随温度的变化规律

图 2-11(a)是不同压力下 RP-3 航空煤油的密度随温度的变化趋势。为了分析方便,图 2-11(b)给出了常用作航空煤油替代燃料的正癸烷($C_{10}H_{22}$)的密度

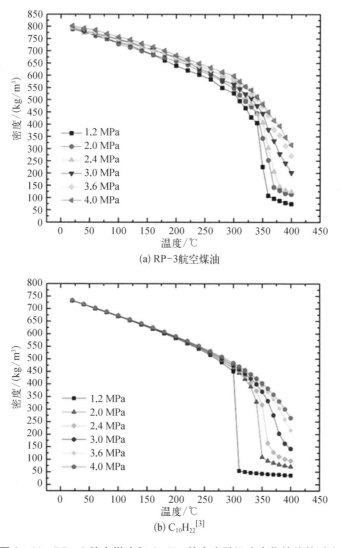

(a) RP-3航空煤油

(b) $C_{10}H_{22}$[3]

图 2-11　RP-3 航空煤油和 $C_{10}H_{22}$ 的密度随温度变化的趋势对比

变化曲线,其中数据来自美国国家标准与技术研究院(National Institute of Standards and Technology, NIST)的数据库[3]。通过对比可以看出:

(1) 当温度处于20~300℃时,RP-3航空煤油和$C_{10}H_{22}$的密度均随温度的升高而缓慢降低,但降幅很小,不同压力下密度与温度之间基本呈线性关系;

(2) 当温度处于300~340℃时,RP-3航空煤油和$C_{10}H_{22}$的密度下降速率加快,且压力为1.2 MPa时呈现出较大差异;

(3) 当温度高于340℃时,RP-3航空煤油和$C_{10}H_{22}$的密度随温度升高迅速下降,说明工质发生了相变,其中$C_{10}H_{22}$的密度值下降更为迅速,RP-3航空煤油在相同工况下的密度值均稍高于$C_{10}H_{22}$。这可能是由于$C_{10}H_{22}$属于纯净物,超临界温度下所有工质全部变成了气态或超临界态,而RP-3航空煤油中包含的少量高临界参数组分(如部分C_{13}以上化合物等)依然以液相存在,从而使得其密度值稍高。

2. 密度随压力的变化规律

图2-12(a)和(b)分别是不同温度下RP-3航空煤油和$C_{10}H_{22}$的密度随压力的变化趋势。可以发现:

(1) 当温度处于20~320℃时,航空煤油和$C_{10}H_{22}$都主要以液相存在,密度受压力的影响很小,RP-3密度受压力影响的幅度大于$C_{10}H_{22}$;

(2) 当温度处于320~360℃时,RP-3和$C_{10}H_{22}$的密度随压力变化出现差异,前者密度随压力变化很小,而后者密度却出现了显著的上升;

(3) 当温度高于360℃时,RP-3和$C_{10}H_{22}$的密度均随压力的升高而升高。

图2-13将本书的密度测量结果与Deng等[4]的试验数据进行了对比,可以发现,本书试验结果与文献结果中的变化趋势基本吻合,但密度值稍高,尤其在温度20~340℃。

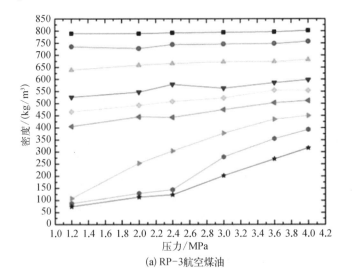

(a) RP-3航空煤油

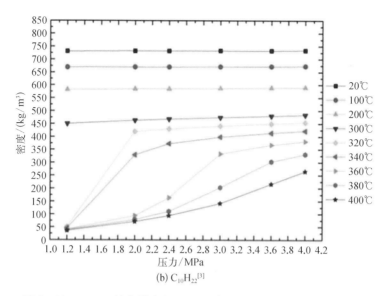

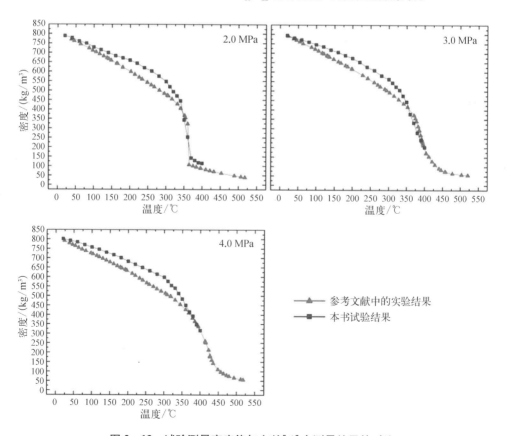

图 2-12　RP-3 航空煤油和 $C_{10}H_{22}$ 的密度随压力变化趋势的对比

图 2-13　试验测量密度值与文献[4]中测量结果的对比

密度测量值稍高可能有以下三方面的原因：

（1）RP‑3 航空煤油的油品不完全相同，从而造成真实物性的差异；

（2）两种测量方法的试验原理和具体操作差别较大，密度值的差异可能由系统误差造成；

（3）加热过程可能存在工质受热不均匀现象，以及少量的壁面结焦和裂解现象。

由于本方法的测试成本较低且可操作性强，因此可以作为一种简易可行的方法应用于工程中高温高压工质密度的快速测量。

2.3.2　计算方法研究

当燃料处于超临界工况时，其物性参数随温度和压力的变化非常敏感（尤其在临界点附近），此时再采用理想气体状态方程进行求解势必会造成严重的误差，因而必须采用考虑了真实气体效应的状态方程进行求解。选择合理的状态方程是精确预测流体热物性的基本条件，为了发展能够精确预测超临界流体物性的计算方法，必须考虑到真实流体的压缩效应。将超临界流体的热力学参数和理想气体的热力学参数进行关联，真实气体的状态方程可以写成：

$$Z = \frac{pV}{nRT} \tag{2-2}$$

式中，Z 是压缩因子，对于理想气体而言 $Z=1$；对于超临界流体来说，Z 通常小于 1。目前，在超临界流体的物性计算方面，应用最为广泛的立体型状态方程有 SRK 方程[5]和 PR 方程[6]，这两种方程都是在范德瓦耳斯方程的基础上进行修正后发展起来的。然而，与 PR 状态方程相比，SRK 方程存在一些缺点，1973 年 Starling[7]曾指出，SRK 状态方程对小分子气体的物性计算结果相对准确，但对于液体（如液态碳氢燃料等）的比体积计算会严重偏高。因此，本书采用了精度较高的 PR 状态方程来进行密度的求解。PR 状态方程的表达式为

$$p = \frac{RT}{V_m - b} - \frac{a(T)}{V_m^2 + 2bV_m - b^2} \tag{2-3}$$

将式（2‑2）代入式（2‑3）进行化简，便可以得到关于压缩因子 Z 的一元三次方程：

$$Z^3 - (1 - B)Z^2 + (A - 3B^2 - 2B)Z - B(A - B - B^2) = 0 \tag{2-4}$$

式中，

$$\begin{cases} A = \dfrac{a(T)p}{(RT)^2} \\ B = \dfrac{bp}{RT} \end{cases} \tag{2-5}$$

$$
\begin{cases}
a(T) = 0.457\,24\,\dfrac{(RT_c)^2}{p_c}\left[1 + \kappa\left(1 - \sqrt{T/T_c}\right)\right]^2 \\
b = 0.077\,80\,\dfrac{RT_c}{p_c}
\end{cases}
\tag{2-6}
$$

式中, κ 是一个关于偏心因子 ω 的函数, 函数关系如式(2-7)所示, 参考文献[6]和[8]中给出了不同物质偏心因子 ω 的取值以及和 κ 的对应关系:

$$
\kappa = 0.374\,64 + 1.542\,26\omega - 0.269\,92\omega^2
\tag{2-7}
$$

　　将求解物质的温度、压力以及临界参数值代入式(2-4)中便可以得到一个一元三次方程, 该三次方程可采用迭代求解。方程求解之后, 会出现以下两种状况: ① 一个实数解和两个复数解; ② 三个实数解。在两相区, 最大根对应气态的压缩因子, 而最小根对应液态的压缩因子。图 2-14 是流体的温度、压力和密度的对应关系图。从图中可以看出, 在单相区域, 一个温度和一个压力对应一个密度值, 这与方程解的状况①是相对应的; 在两相混合区域, 一个压力和一个温度则对应三个密度值, 分别为气态值、液态值和中间值, 这与方程解的状况②是相对应的。

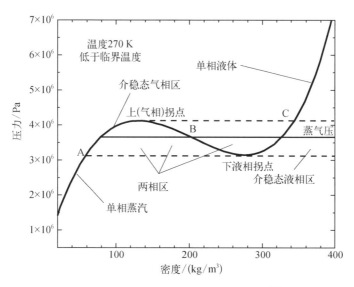

图 2-14　流体的温度、压力和密度的对应关系[9]（氮气）

　　超临界流体的密度对应的就是饱和点处的气态值, 因此后一种状况下最大解即为计算所需的压缩因子, 进而能够由状态方程计算出物质的摩尔体积和密度。

$$V_\mathrm{m} = \frac{ZRT}{p} \tag{2-8}$$

$$\rho = \frac{M}{V_\mathrm{m}} \tag{2-9}$$

式中，M 指的是物质的摩尔质量。基于上述计算方法进行编程计算，即可求得不同工况下流体的密度值。

2.3.3　计算方法的修正

为了验证上述计算方法的准确性，本书首先选取了 $C_{10}H_{22}$ 来进行验证计算。图 2-15 是 2.0 MPa、2.5 MPa 和 3.0 MPa 压力下的密度计算值与试验值的对比。该方法的计算误差主要与温度有关，受压力的影响较小，从常温到临界点误差先增大后减小，临界点之后误差会迅速减小到接近为零。为了降低计算误差，获得更为精确的密度计算结果，本书基于温度对计算结果的影响进行了修正，修正的关系式为式(2-10)。

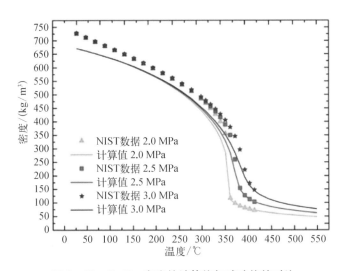

图 2-15　$C_{10}H_{22}$ 密度的计算值与试验值的对比

$$\Delta\rho = \begin{cases} 126.658\,6 - 0.009\,47T - 0.001\,33T^2 + 1.910\,68 \times 10^{-6}T^3, & T < T_\mathrm{cr} \\ 4\,553.811\,9 - 13.139\,7T + 0.009\,46T^2, & T \geqslant T_\mathrm{cr} \end{cases}$$

$$\tag{2-10}$$

式中，T_cr 为 RP-3 航空煤油的临界温度。

修正后的密度计算值与 NIST 中数据[3]在亚临界温度范围内也能较好地吻合，如图 2-16 所示。

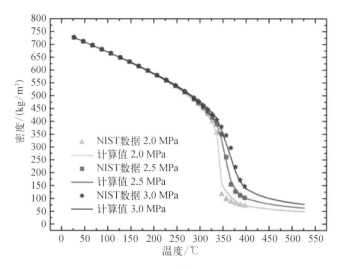

图 2 - 16　正癸烷密度的计算修正值与试验值对比

如图 2 - 17 所示,将通过式(2 - 10)计算所得 RP - 3 航空煤油的密度与试验测量值进行比对,二者变化趋势基本吻合,但计算值较试验值稍低,尤其在低温阶段和临界点附近。这一偏差可能源于:① 本书采用的状态方程属半经验方程,其是否适用于混合物的物性计算尚未得到验证;② RP - 3 航空煤油属于混合物,其临界参数和偏心因子的选取存在不确定性。

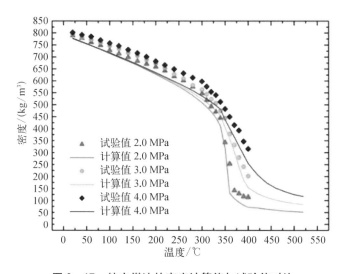

图 2 - 17　航空煤油的密度计算值与试验值对比

将 RP - 3 航空煤油的相关参数代入修正后的程序进行计算,便可以得到其在不同工况下的密度数据。由于航空煤油的偏心因子在文献中暂无记载,本书暂取

$C_{10}H_{22}$ 的偏心因子进行计算。图 2-18 是 RP-3 航空煤油的密度计算值随温度的变化规律。

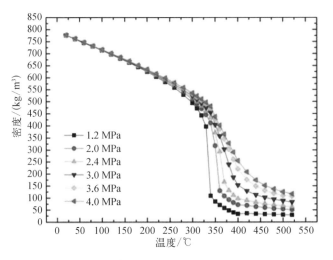

图 2-18 航空煤油的密度计算值随温度的变化规律

2.4 泡点和露点的试验测量

通常,泡点线是指液相区和气液共存区的分界线,而露点线是指气相区和气液共存区的分界线,如图 2-19 所示。当纯净物处于平衡态时,其气液两相组分相

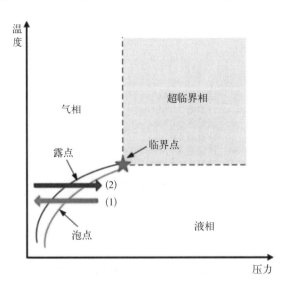

图 2-19 混合物的相平衡示意图

同,露点和泡点温度均等于该压力下的沸点。可见混合物的露点和泡点温度并不相等,露点温度要大于泡点温度,两个温度之间就对应于气液共存区域。对于如航空煤油这样的多元混合物,其临界点、泡点和露点同处于相边界,临界点处于泡点和露点曲线互相逼近的一个狭小区域内。为了研究超临界流体的喷射、雾化和冷凝特性,首先必须掌握其不同压力下的泡点和露点温度值。

2.4.1 试验测试方法探索

为了测量混合物的泡点和露点,必须首先了解其定义和测量方法。泡点是指在温度一定的情况下,液相中开始分离出第一批气泡的压力,或在压力一定的情况下,液相中开始分离出第一批气泡的温度。露点是指在温度一定的情况下,气相中开始分离出第一批液滴的压力,或在压力一定的情况下,气相中开始分离出第一批液滴的温度。基于泡点和露点的定义,本书分别通过测量特定温度下从液态混合物中分离出第一个气泡的压力和从气态混合物中分离出第一个液滴的压力的方法来得到不同温度下对应的泡点和露点压力值,实验测试系统如图 2 – 20 所示。

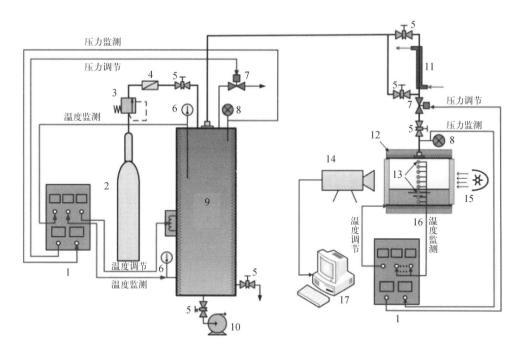

图 2 – 20 泡点和露点实验测试系统原理图

1. 温度/压力采集与调节系统;2. 高压氮气;3. 减压阀;4. 过滤器;5. 截止阀;6. 温度传感器;
7. 泄压阀;8. 压力表;9. 缓冲罐;10. 真空泵;11. 水冷系统;12. 保温材料;13. 温度测量孔;
14. 高速摄影仪;15. 背景光源;16. 实验测试腔;17. 数据采集系统

实验系统的测试腔为透光结构,由铸铁材料制成,两侧开有铝硅酸盐玻璃视窗。为了便于测试腔中的压力调节,测试腔被连接在一个温度和压力可调且体积较大的缓冲罐上,通过调节缓冲罐的压力间接调节测试腔的压力。试验中通过安装于测试腔中心位置的9个温度测点测量腔内温度。测试腔上部引入了水冷系统来防止煤油蒸汽的溢出。

测量泡点时,首先将测试工质注入,并在超临界压力下加热至350℃。加热过程中保持测试腔上部的截止阀关闭,防止工质外泄。随后,调节加热功率,等待腔内工质的温度恒定后,取液面以下所有温度测点的平均示数作为工质此时的温度。然后,调节缓冲罐与测试腔压力相等,打开截止阀使得测试腔压力缓慢下降,直到工质中第一批气泡溢出,此时的压力值即为该温度下的泡点压力。重复上述操作,并依次降低温度直到其所对应的泡点压力降为零,记录不同温度下的压力值,其相变过程如前文图2-19中的(1)过程所示。测量露点时,首先采用真空泵将测试腔压力抽至真空点附近后关闭上部的截止阀,缓慢加热腔内少量液体工质至全部汽化,此时保持温度不变,缓慢升高测试腔压力,液雾出现时的压力值即为该温度下的露点压力,其相变过程如图2-19中的(2)过程所示。

2.4.2　试验结果分析

为了检验系统的测试精度,本书首先用该装置测量了0~3.0 MPa压力下纯净水的沸点,并将其与NIST[3]中的数据进行了对比,如图2-21所示。结果显示纯净水的沸点测量值比实际值略低,这可能是由于试验中热电偶测量的温度迟滞所造成的,为提高试验结果准确性,必须对装置的测量数据进行一定的修正。本书首先

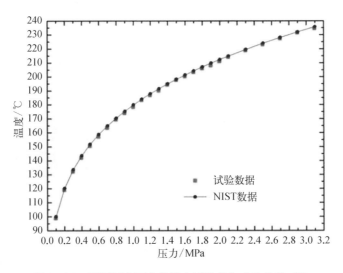

图2-21　不同压力下水的沸点试验值与准确值的对比

将沸点的试验拟合数据与 NIST[3] 中的值进行了对比,发现误差率基本维持在恒定范围。将试验误差率进行数学平均后得到的修正常数为 $C_\eta = 1.004\ 64$,修正后的数据对比结果如图 2-22 所示,由图可以看出,修正后的结果与 NIST[3] 中的数据已经能够较好地吻合。

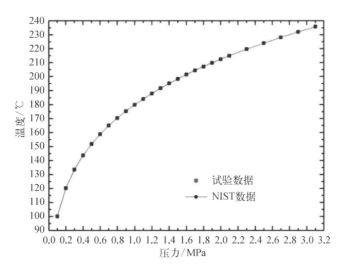

图 2-22　不同压力下水的沸点的试验修正值与准确值的对比

本书采用修正后的测试方法,对 RP-3 航空煤油的露点和泡点值进行了试验测量,得出特定压力下 RP-3 航空煤油的露点温度远高于相同压力下的泡点温度,说明 RP-3 航空煤油中不同组分的沸点温度差异极大。具体试验数据分别如表 2-3 和表 2-4 所示,泡点和露点温度随压力的变化趋势如图 2-23 所示。

表 2-3　不同压力下 RP-3 航空煤油的泡点值

p/MPa	$T_{\mathrm{bub}}/{}^\circ\mathrm{C}$	p/MPa	$T_{\mathrm{bub}}/{}^\circ\mathrm{C}$	p/MPa	$T_{\mathrm{bub}}/{}^\circ\mathrm{C}$	p/MPa	$T_{\mathrm{bub}}/{}^\circ\mathrm{C}$
0.001 6	64.94	0.009 7	103.17	0.025 2	127.68	0.057 1	145.76
0.002 7	71.02	0.011 6	107.59	0.026 7	129.99	0.065 6	148.07
0.003 4	77.25	0.013 5	112.71	0.028 2	131.90	0.071 4	150.18
0.004 7	82.37	0.015 4	116.02	0.031 9	133.71	0.086 8	152.59
0.005 2	87.30	0.019 2	121.25	0.035 0	136.82	0.095 7	157.61
0.006 7	94.23	0.020 8	122.86	0.041 7	138.94	0.121 9	163.54
0.007 8	98.24	0.021 6	124.16	0.048 2	143.29	0.142 2	167.96

p/MPa	T_{bub}/℃	p/MPa	T_{bub}/℃	p/MPa	T_{bub}/℃	p/MPa	T_{bub}/℃
0.170 2	172.48	0.481 2	204.93	0.890 7	242.60	1.505 1	283.28
0.203 7	176.10	0.522 7	209.95	0.950 2	246.51	1.621 9	291.32
0.244 5	181.02	0.551 2	211.96	1.031 5	252.14	1.766 4	300.36
0.297 1	185.04	0.622 5	219.99	1.082 4	256.16	1.867 5	308.39
0.369 5	193.07	0.678 8	224.01	1.192 8	264.19	1.960 3	315.43
0.413 3	197.29	0.773 8	230.04	1.301 6	270.22	2.082 8	324.47
0.436 5	200.91	0.853 9	239.28	1.380 0	276.25	2.192 1	330.49

表 2-4　不同压力下 RP-3 航空煤油的露点值

p/MPa	T_{dew}/℃	p/MPa	T_{dew}/℃	p/MPa	T_{dew}/℃	p/MPa	T_{dew}/℃
0.002 74	117.732 1	0.060 92	194.579 4	0.175 28	237.573 7	0.663 79	306.083 3
0.005 95	134.106 1	0.065 94	196.688 9	0.201 36	240.989 2	0.674 83	307.590 2
0.007 95	146.361 5	0.070 95	200.707 1	0.249 51	252.240 0	0.721 98	311.206 5
0.011 77	152.187 8	0.086 00	204.926 2	0.282 61	257.965 9	0.812 26	317.233 7
0.015 78	158.616 9	0.086 00	205.127 1	0.298 66	261.883 6	0.930 62	326.375 1
0.025 31	167.356 4	0.091 01	206.433 0	0.326 75	268.312 6	0.989 81	329.991 4
0.029 82	170.972 7	0.096 03	208.542 5	0.330 76	266.002 2	1.198 46	342.347 2
0.035 54	175.895 0	0.106 06	213.565 2	0.423 55	278.458 5	1.269 68	346.064 0
0.038 15	180.716 8	0.121 11	218.387 0	0.465 18	283.481 2	1.346 92	351.287 6
0.041 66	184.433 5	0.132 64	225.017	0.485 24	286.896 6		
0.045 87	186.342 2	0.138 16	225.217 9	0.549 44	294.229 8		
0.055 90	191.465 3	0.143 18	229.035 1	0.607 62	300.156 6		

相变发生时，如果系统热力学势的一级偏微商不连续，那么说明该相变属于一阶相变；如果在相变发生时，系统热力学势的一级偏微商连续，而二级或高级偏微商不连续的相变属于二阶相变。当相变满足一阶相变时，它将满足克拉伯龙方程（Clapeyron equation），克拉伯龙方程是描述单一物质在一阶相变时的变化方程，通

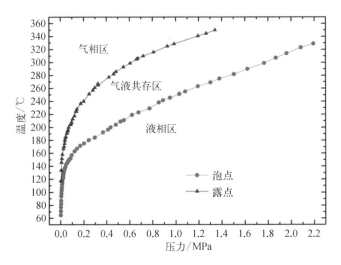

图 2 - 23　航空煤油泡点和露点随压力的变化趋势

过吉布斯自由能可以导出其基本表达式为

$$\ln p = - \frac{\Delta H_m}{R} \cdot \frac{1}{T_b} + b \qquad (2-11)$$

式中, R 为气体常数; ΔH_m 代表蒸发潜热; b 代表一个特定常数。

　　虽然 RP - 3 航空煤油属于混合物,但其泡点和露点温度反映的是特定压力下混合物中沸点最低和最高组分的沸点值。因此,泡点和露点线均满足克拉伯龙方程。通过已有的研究[10] 可知,当相变满足克拉伯龙方程时,其泡点/露点温度的负倒数和压力的自然对数满足线性关系,即

$$\ln p = - \frac{A}{T_b} + B \qquad (2-12)$$

式中, A 和 B 均为常数。将试验中得到的泡点和露点数据分别代入式(2-12)中进行拟合,便可以得到 RP - 3 航空煤油泡点、露点温度与环境压力间的经验关系式为

$$\ln p = - \frac{913.93}{T_{bub}} + 3.61 \qquad (2-13)$$

$$\ln p = - \frac{1\,304.98}{T_{dew}} + 3.87 \qquad (2-14)$$

　　将经验公式的估算值与试验值进行对比后发现,经验公式的计算误差处于工程应用所允许的范围之内,如图 2 - 24 所示。

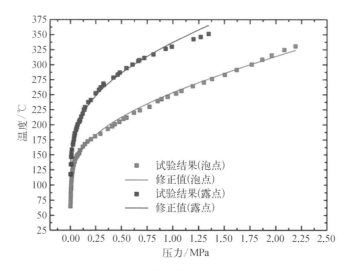

图 2 - 24　经验公式的计算结果与试验结果的对比

2.5　比定压热容的计算方法研究

流体热力学性质指的是流体的热数据和热力学数据,除 p - V - T 外,还包括比热容、内能、焓、熵等。其中比热容是工程计算中所需的基础数据之一,比热容分为比定压热容和比定容热容。由于比定压热容更容易测量,因此在实际的流场数值模拟研究中更多地采用比定压热容。在流体的压缩、膨胀、加热和冷却等过程中,温度、压力、密度都将发生一定的变化,这就要求建立适当的热力学参数计算方法来进行求解。本节主要对超临界流体热力学参数的计算方法进行研究,重点是比定压热容的求解。

2.5.1　气体比定压热容的计算方法

在温度不变的情况下,随着压力的改变,气体的比定压热容变化不是很大。这样比定压热容就可以看作是一个只与温度有关的单值函数,因此理想气体的热力学参数与温度之间的关系通常可以用以下多项式形式的关系式来表示[11]:

$$\frac{c_p^0}{R} = a_i + b_i T + c_i T^2 + d_i T^3 + e_i T^4 \tag{2-15}$$

$$H^0 = R_i \left(a_i + b_i T + c_i T^2 + d_i T^3 + e_i T^4 + \frac{b_1}{T} \right) T \tag{2-16}$$

$$S^0 = R(a_i \ln T + b_i T + c_i T^2/2 + d_i T^3/3 + e_i T^4/4 + b_2) \tag{2-17}$$

式中，c_p^0、H^0、S^0 分别代表理想气体的比定压热容、焓和熵；常系数 a_i、b_i、c_i、d_i、e_i、b_1、b_2 可以根据物质的试验数据进行拟合之后得出。常系数的取值可以查阅参考文献[12]，该文献收集了多种物质的试验数据拟合之后得出的常系数的值。

文献[11,12]对于很多物质的气态比热容计算理论公式(2-15)中常系数的值都有详细的记载。通过查找参考文献[12]，可以得到正癸烷的比定压热容计算所需的经验公式中的常系数的值，这样就可以计算得到其比定压热容。图 2-25 是计算得出的气态正癸烷的比定压热容的值和 NIST 数据库中的数据的对比。可以看出，利用上述经验公式进行比定压热容的计算，可以得到与试验数据较为吻合的结果。本书中对气态比定压热容进行计算时采用的多项式常系数的取值参照参考文献[12]。

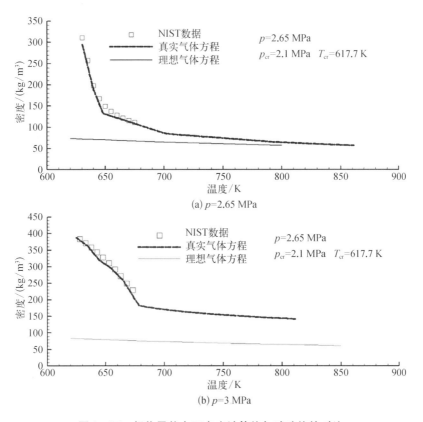

(a) $p=2.65$ MPa

(b) $p=3$ MPa

图 2-25　超临界状态下密度计算值与试验值的对比

2.5.2　偏差函数法

相同温度情况下，超临界状态的热力学参数与气态的热力学参数存在一个偏差值，这种偏差是超临界状态下分子间的相互作用造成的，图 2-26 是正癸烷的超临界热力学参数与气态热力学参数的对比(焓和熵)。对于理想气体，分子间的相互作用可以忽略,其热力学参数可作为标准值,这样超临界流体的热力学参数与理想气体的热力学参数的关系,可以通过一个偏差函数联系起来,如式(2-18)所示。

$$\begin{cases} H^{\text{sup}} = H^0 + \Delta H \\ S^{\text{sup}} = S^0 + \Delta S \\ G^{\text{sup}} = G^0 + \Delta G \end{cases} \qquad (2-18)$$

式中,G 是自由能;ΔH、ΔS、ΔG 分别是偏差焓、偏差熵以及偏差自由能。上标 sup 和 0 分别表示超临界流体和理想气体。

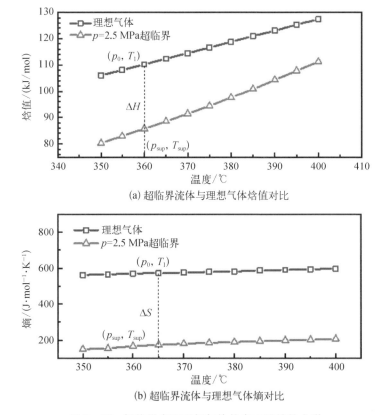

(a) 超临界流体与理想气体焓值对比

(b) 超临界流体与理想气体熵对比

**图 2-26　超临界态和理想气体状态正癸烷热力学
参数的对比(数据来自 NIST[3])**

对于纯净物或者组成不变的混合物来说,从一个热力学状态变为另一个热力学状态,其热力学参数的变化量与其改变所循的途径是没有关系的,只与初始状态和最终状态有关[13]。因此,对于计算初始状态(气态:p_1,T_1)和最终状态(超临界状态:p_{sup},T_{sup})之间的热力学性质的变化量 ΔM,可以有很多种计算途径,但所有途径求得的变化量的值都应该是一致的。

参考文献[13]中给出了最常用的构造偏差函数途径,图 2 - 27 是这一途径的示意图。

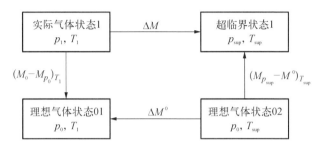

图 2 - 27　构造偏差函数的途径

如图所示,两个状态之间的热力学性质的变化量可以表示为

$$\Delta M = (M_{p_{sup}, T_{sup}} - M_{p_1, T_1}) = (M_{p_{sup}} - M^0)_{T_{sup}} + \Delta M^0 + (M^0 - M_{p_1})_{T_1} \quad (2-19)$$

式中,$(M_{p_{sup}} - M^0)_{T_{sup}}$ 和 $(M^0 - M_{p_0})_{T_1}$ 即为关于该热力学性质 M 的偏差函数。偏差函数可以根据状态方程进行求解,将在 2.4.2 节中进行详细描述,偏差项 ΔM^0 代表的是理想气体在等压情况下温度对于热力学性质的影响,以焓和熵为例,可以根据理想气体比定压热容进行计算,如式(2-20)和式(2-21)所示。

对焓:

$$\Delta H^0 = \int_{T_1}^{T_{sup}} \left(\frac{\partial H}{\partial T} \right)_{p_0} dT = \int_{T_1}^{T_{sup}} c_p^0 dT \quad (2-20)$$

对熵:

$$\Delta S^0 = \int_{T_1}^{T_{sup}} \left(\frac{\partial S}{\partial T} \right)_{p_0} dT = \int_{T_1}^{T_{sup}} \frac{c_p^0}{T} dT \quad (2-21)$$

通过对偏差函数进行构造,将超临界状态的热力学参数与理想气体状态的热力学函数进行关联,即通过偏差函数,可以从理想气体的热力学数据计算得出超临界状态下的热力学数据。

从上述构造偏差函数的途径可以看出,初始状态的选择是偏差函数法进行的基础。只有初始状态接近理想气体,才能采用理想气体的热力学参数数据来计算。因此,理论上初始状态 p_0 应该选择为 0。但考虑到实际情况,在 $p_0 = 1$ atm[*] 时,压缩因子已经非常接近于 1,并且由于该压力下各物质的热力学数据易于查找,为了便于计算,本书将 1 atm 作为初始状态 p_0 的值。

_____

[*]　1 atm = 1. 101 325×10⁵ Pa。

2.5.3　比定压热容计算实例

在 2.4.2 节中通过构造偏差函数,将理想气体的热力学参数和实际气体的热力学参数联系到了一起。偏差函数可以通过流体的 p-V-T 性质来计算得出。实际计算中,通常有两种方法可以采用,分别为以压力为显函数的状态方程方法和以温度和压力作为独立变量的方法。由于前一种方法比较方便,计算量比较小,因此在工程计算中采用较多。本书选取了 Reid 等[14] 的采用对亥姆霍兹(Helmholtz)自由能 G 导出偏差函数的方法来进行热力学参数的计算,接下来将详细介绍具体的推导计算过程。

在恒温和恒组分的条件下,自由能 G 随摩尔体积 V_m 的变化可以用下式表示:

$$\mathrm{d}G = -p\,\mathrm{d}V_m \tag{2-22}$$

从初始状态摩尔体积到系统摩尔体积进行积分,可以得到:

$$G - G^0 = -\int_{V_m^0}^{V_m} p\,\mathrm{d}V \tag{2-23}$$

因为积分的上限对应的是超临界状态,积分下限则对应的是理想气体状态,为了方便计算,可以将式(2-23)中的积分分成两个部分:

$$G - G^0 = -\int_{\infty}^{V_m} p\,\mathrm{d}V - \int_{V_m^0}^{\infty} p\,\mathrm{d}V \tag{2-24}$$

可以看出,积分的第二项是关于理想气体的,因此代入理想气体状态方程,并在上式的左右两边同时加上 $\int_{\infty}^{V_m}(RT/V)\,\mathrm{d}V$ 以避免无穷大积分限的问题,上式可以整合为

$$G - G^0 = -\int_{\infty}^{V_m}(p - RT/V)\,\mathrm{d}V - RT\ln\frac{V_m}{V_m^0} \tag{2-25}$$

这样就导出了超临界流体相对于理想气体的 Helmholtz 自由能的偏差函数。以自由能的偏差函数为基础,可导出其他热力学参数的偏差函数:

$$T(Z-1) = \int_{\infty}^{V_m} S - S^0 = -\frac{\partial}{\partial T}(G - G^0)_{V_m} = \int_{\infty}^{V_m}\left[\left(\frac{\partial p}{\partial T}\right)_{V_m} - \frac{R}{V_m}\right]\mathrm{d}V_m + R\ln\frac{V_m}{V_m^0} \tag{2-26}$$

$$H - H^0 = (G - G^0) + T(S - S^0) + R\left[T\left(\frac{\partial p}{\partial T}\right)_{V_m} - p\right]\mathrm{d}V_m + RT(Z-1) \tag{2-27}$$

$$U - U^0 = (G - G^0) + T(S - S^0) = \int_\infty^{V_m} \left[T \left(\frac{\partial p}{\partial T} \right)_{V_m} - p \right] dV_m \qquad (2-28)$$

$$G - G^0 = (G - G^0) + RT(Z - 1) = -\int_\infty^{V_m} \left(p - \frac{RT}{V} \right) dV - RT\ln \frac{V_m}{V_m^0} + RT(Z - 1)$$
$$(2-29)$$

式中,S 和 H 为熵和焓;F 为自由能;U 和 G 分别为内能和自由焓;上标 0 表示理想气体状态。这样,代入实际状态方程(本书选取的是 PR 状态方程),即可以求得所有的偏差函数。

同样比定压热容 c_p 和比定容热容 c_v 也可以通过偏差函数形式表达出来:

$$\begin{cases} c_v = c_v^0 + \Delta c_v \\ c_p = c_p^0 + \Delta c_p \end{cases} \qquad (2-30)$$

式中,偏差函数 Δc_v 和 Δc_p 称为剩余比热容,可以根据恒温和定常组分下的焓差偏微商求出:

$$\Delta c_v = T \int \left(\frac{\partial^2 p}{\partial T^2} \right)_{V_m} dV_m \qquad (2-31)$$

$$\Delta c_p = T \int \left(\frac{\partial^2 p}{\partial T^2} \right)_{V_m} dV_m - \frac{T(\partial p/\partial T)_{V_m}^2}{(\partial p/\partial V_m)_T} - R \qquad (2-32)$$

这样,式(2-31)和式(2-32)就定义出了理想气体比定容/定压热容和超临界流体比定容/定压热容之间的关系。通过式(2-32),代入 PR 状态方程,就可以求出超临界流体的比定压热容。

对上述计算方法进行编程之后,即可得到超临界正癸烷的比定压热容,计算流程图如图 2-28 所示,计算结果与 NIST[3] 数据的对比如图 2-29 所示。可以看出,采用上述方法进行比定压热容的计算得到的结果与试验值的误差较小,这说明采用相对偏差法进行超临界流体比定压热容的计算是可行的,能够得到较为精确的结果。

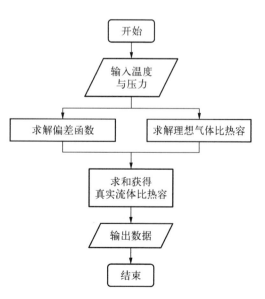

图 2-28　超临界比定压热容计算流程

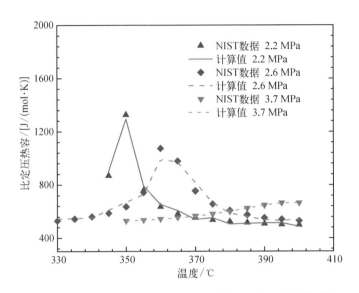

图 2‑29　超临界正癸烷比定压热容计算值与试验数据的对比

对于二元或者多元混合体系来说,气体混合物的理想气体比定压热容可以根据各组分的摩尔分数和理想气体比定压热容由下式求出:

$$c_{pm}^0 = \sum_i y_i c_{pi}^0 \tag{2‑33}$$

式中,下标 m 和 i 分别代表混合物和各组分编号。

2.6　黏性的计算方法研究

气体的黏度和温度的关系式非常多,其中最著名的是萨瑟兰(Sutherland)方程[13],利用该方程可以求得较小温度范围内的气体黏度 μ 的数据,其无量纲黏度的表达式如式(2‑34)所示:

$$\frac{\mu}{\mu_0} = \left(\frac{T}{T_0}\right)^{1.5} \frac{T_0 + S_\eta}{T + S_\eta} \tag{2‑34}$$

式中,S_η 为 Sutherland 常数,可以根据物质的正常沸点估算得出,也可以根据黏度的试验数据对上式进行数学回归得出。本书采用了根据 NIST[3] 试验数据进行数学回归求出 Sutherland 常数的方法。

在超临界流体黏度的计算方法研究中,Congiunti 等[15]对比研究了 Chung 方法[16]和 Lucas 方法[17]的优劣性,发现 Chung 方法得出的结果与试验数据更为接近。因此,本书使用了 Chung 方法进行超临界流体黏度的计算,其关联表达式如下:

$$\mu = \mu^* \mu^0 \tag{2-35}$$

式中，μ^0 为理想气体的黏度；μ^* 则是基于考虑分子间相互力的一个函数，其表达式如下：

$$\mu^* = \left[\frac{1}{G_2} + E_6 y + \frac{\Omega_v}{F_c(1.2593T^*)} \mu^{**} \right] \tag{2-36}$$

式中，T^* 为无量纲温度，即实际温度与临界温度的比值；Ω_v 为分子碰撞积分，它反映分子的作用力，可通过 Neufeld 等提出的式（2-37）求出[13]；F_c 是一个关于偏心因子 ω 和偶极矩 μ_p 的函数，偏心因子和偶极矩的值可以通过参考文献[13]得到。而式中的函数 y、G_1、G_2、μ^{**} 的求解如式（2-39）~式（2-42）所示。

$$\Omega_v = A(1.2593T^*)^{-B} + Ce^{-1.2593DT^*} + Ee^{-1.2593FT^*} \tag{2-37}$$

式中，常数 A、B、C、D、E、F 的取值分别为 1.16145、0.14874、0.52487、0.77320、2.16178 和 2.43787。

$$F_c = 1 - 0.2756\omega + 0.059035\left[131.3\frac{\mu_p}{(V_{cm}T_c)^{0.5}}\right]^4 + q \tag{2-38}$$

式中，q 是缔合因子，可以根据式（2-43）进行估算。

$$y = \frac{\rho V_c}{6} \tag{2-39}$$

$$G_1 = \frac{1 - 0.5y}{(1-y)^3} \tag{2-40}$$

$$G_2 = \frac{E_1\left[(1 - e^{-E_4 y})/y\right] + E_2 G_1 E_5 y + E_3 G_1}{E_1 E_4 + E_2 + E_3} \tag{2-41}$$

$$\mu^{**} = E_7 y^2 G_2 e^{E_8 + E_9(1.2593T^*)^{-1} + E_{10}(1.2593T^*)^{-2}} \tag{2-42}$$

式中，V_{cm} 为临界摩尔体积；$E_1 \sim E_{10}$ 是偏心因子、偶极矩和缔合因子的函数，可以根据式（2-44）进行估算。上述求解过程中，密度 ρ 的单位为 mol/cm^3，摩尔体积的单位为 cm^3/mol。

$$q = 0.0682 + 0.2767[17(-OH\ 基团数 / 相对分子质量)] \tag{2-43}$$

$$E_i = a_i + b_i\omega + c_i\left[131.3\frac{\mu_p}{(V_{cm}T_c)^{0.5}}\right]^4 + d_i q \tag{2-44}$$

式中，常系数 a_i、b_i、c_i、d_i 的取值如表 2-5 所示。

表 2 - 5　黏性估算方法中常系数的取值

i	a_i	b_i	c_i	d_i
1	6.234	50.412	−51.68	1 189
2	0.001 21	−0.001 154	−0.006 257	0.037 28
3	5.283	254.209	−168.48	3 989
4	6.623	38.096	−8.464	31.42
5	19.745	7.630	−14.354	31.53
6	−1.9	−12.537	4.985	−18.15
7	24.275	3.45	−11.291	69.35
8	0.797 2	1.117	0.012 35	−4.117
9	−0.238 2	0.067 7	−0.816 3	4.025
10	0.068 63	0.347 9	0.592 6	−0.727

采用上述方法求得的超临界正癸烷的动力黏度计算值与 NIST[3] 数据的对比如图 2 - 30 所示。从图中可以看出,该方法求得的数值与试验数据相差不大,这说明利用上述方法进行超临界流体黏度的计算是可行的。低压气体情况下,y 近似为零,G_1 和 G_2 趋于一致,则可以忽略,此时 $\mu \approx \mu^0$。

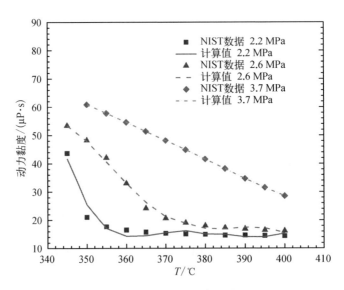

图 2 - 30　超临界正癸烷动力黏度计算值和 NIST[3] 数据的对比

2.7 导热系数的计算方法研究

低压气体的导热系数随着温度的升高而增大,受压力的影响不明显,因此许多方法都能够比较准确地预测低压气体的导热系数。而在超临界情况下,压力改变对导热系数的影响非常大,尤其是在临界点(350℃,2.1 MPa)附近,导热系数的变化趋势会出现尖峰状态(图 2-31),此时就需要发展更为适用的计算方法,为此许多学者对高压工质的导热系数计算方法进行了研究[13]。本节介绍了 Chung 等[16]在低压气体导热率计算方法上进行扩展所得出的求解高压(高密度)物质的导热系数估算法,并采用该方法计算了超临界正癸烷的导热系数。

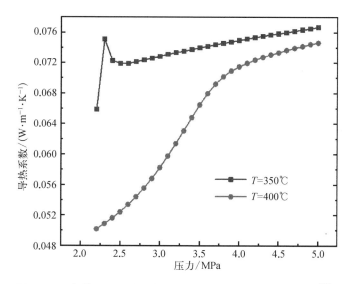

图 2-31 超临界正癸烷导热系数与压力的关系(NIST 数据[3])

该方法不用对低压气体导热系数进行计算,且与之前采用的黏度计算方法相关联,因此使用较为方便,其表达式如下:

$$\lambda = \frac{31.2\eta^0\psi}{M}(G_2^{-1} + B_6 y) + rB_7 y^2 T^{*\,1/2}G_2 \qquad (2-45)$$

式中,λ 为导热系数;与 2.5.1 节中一样,η^0 是理想气体的黏度;M 为物质的摩尔质量;ψ 是一个偏心因子、比定容热容和对比温度的函数,如式(2-46)所示。式中的 y、G_1、G_2 的求解可见式(2-48)~式(2-50)。r 为特性参数,是与临界温度和临界摩尔体积相关的函数,如式(2-51)所示。$B_1 \sim B_7$ 是偏心因子、偶极矩 μ_p 和缔合因子 q 的函数,其表达式如式(2-52)所示。

$$\psi = 1 + \alpha \frac{0.215 + 0.28288\alpha - 1.061\beta + 0.26665W}{0.6366 + \beta W + 1.061\alpha\beta} \tag{2-46}$$

式中，

$$\begin{aligned}
\alpha &= (c_v/R) - \frac{3}{2} \\
\beta &= 0.7862 - 0.7109\omega + 1.3168\omega^2 \\
W &= 2 + 10.5T^{*2}
\end{aligned} \tag{2-47}$$

式中，ω 和 c_v 分别为偏心因子及比定容热容；T^* 为对比温度，即温度和临界温度的比值。

$$y = \frac{V_{cm}}{6V_c} \tag{2-48}$$

式中，V_c 和 V_{cm} 分别是摩尔体积和临界摩尔体积。

$$G_1 = \frac{1 - 0.5y}{(1-y)^3} \tag{2-49}$$

$$G_2 = \frac{(B_1/y)(1 - e^{-B_4 y}) + B_2 G_1 e^{B_5 y} + B_3 G_1}{B_1 B_4 + B_2 + B_3} \tag{2-50}$$

$$r = 3.586 \times 10^{-3} \left(\frac{T_c}{M}\right)^{1/2} / V_{cm}^{2/3} \tag{2-51}$$

式中，T_c 为物质的临界温度。

$$B_i = a_i + b_i\omega + c_i \left[131.3 \frac{\mu_p}{(V_{cm}T_c)^{0.5}}\right]^4 + d_i q \tag{2-52}$$

式中，常系数 a_i、b_i、c_i、d_i 的取值如表 2-6 所示。利用上述方法得出的超临界正癸烷导热系数的计算值与试验值比较接近（图 2-32），因此也可用于航空煤油导热系数的预测。

表 2-6　导热系数估算方法中常系数的取值

i	a_i	b_i	c_i	d_i
1	2.4166	0.74824	-0.91858	121.72
2	-0.50924	-1.5094	-49.991	69.983

续　表

i	a_i	b_i	c_i	d_i
3	6.610 7	5.620 7	64.76	27.039
4	14.543	-8.913 9	-5.637 9	74.344
5	0.792 74	0.820 19	-0.639 69	6.317 3
6	-5.863 4	12.801	9.589 3	65.529
7	91.089	12.811	-54.217	52.381

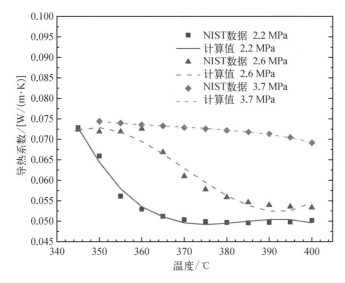

图 2-32　超临界正癸烷导热系数计算值和 NIST 数据[3]的对比

参考文献

[1]　Krishnan R S. Critical opalescence of liquid mixtures[J]. Proceedings of the Indian Academy of Sciences Section A, 1937, 5: 577-593.

[2]　娄彝忠,方荣青,顾春明. 相变与临界乳光现象[J]. 物理实验,2011,31(4): 15-17.

[3]　美国国家标准与技术研究院. 美国国家标准与技术研究院数据库[EB/OL]. [2022-10-01]. http://webbook.nist.gov/.

[4]　Deng H W, Zhang C B, Xu G Q. Density measurements of endothermic hydrocarbon fuel at sub- and supercritical conditions[J]. Journal of Chemical and Engineering Data, 2011, 56 (6): 2980-2986.

[5]　Soave G. Equilibrium constants from a modified Redlich-Kwong equation of state[J]. Chemical Engineering Science, 1972, 27(6): 1197-1203.

[6] Peng D Y, Robinson D B. New two-constant equation of state[J]. Industrial and Engineering Chemistry Fundamentals, 1976, 15(1): 3069 – 3078.

[7] Starling K E. Fluid thermodynamic properties for light petroleum systems[M]. Houston: Gulf Publishing Company, 1973.

[8] 童景山. 流体热物性学: 基本理论与计算[M]. 北京: 中国石化出版社, 2008.

[9] Star A M, Edwards J R, Lin K C. Numerical simulation of injection of supercritical ethylene into nitrogen[J]. Journal of Propulsion and Power, 2006, 22(4): 809 – 819.

[10] 范珍涔. 液态碳氢燃料闪蒸及超临界喷射研究[D]. 西安: 西北工业大学, 2013.

[11] Weber C. Disintegration of liquid jets [Z]. Zeitschrift fur Angewandte Mathematik und Mechanik, 1931.

[12] Walls J. Die kontinuitat des gasformigen and flussigen die kontinuitat des gasformigen and flussigen zustandes[M]. Leipzig: Barth, 1899.

[13] 王新月. 气体动力学基础[M]. 西安: 西北工业大学出版社, 2006.

[14] Reid R C, Sherwood T K, Street R E. The properties of gases and liquids[J]. Physics Today, 1959, 12(4): 38 – 40.

[15] Congiunti A, Bruno C, Giacomazzi E. Supercritical combustion properties[C]. Reno: 41st AIAA Aerospace Sciences Meeting and Exhibit, 2003.

[16] Chung T, Ajlan M, Lee K. Starling-" generalized " multiparameter corresponding state correlation for polyatomic, polar fluid transport properties [J]. Industrial and Engineering Chemistry Research, 1988, 27: 671 – 679.

[17] Lucas K. Phase equilibria and fluid properties in the chemical industry [M]. Frankfurt: Dachema, 1980.

第3章
航空煤油超临界喷射流量特性研究

本章基于超临界航空煤油流量特性,介绍了目前在数值模拟和试验研究方面已取得的进展,并对航空煤油超临界喷射流量特性进行了试验研究,得到了超临界航空煤油流量的变化规律。

3.1 超临界喷射流量测量的特殊性分析

Miser 和 King[1]采用了恒定压降的燃油喷射系统,发现在燃油超过超临界态的喷射时,燃油流量随喷射温度变化的影响极大,这主要是由超临界煤油的密度大幅度变化引起的。超临界燃料特殊的物性是造成其超临界喷射和燃烧过程与亚临界工况迥然不同的直接原因。研究表明,超临界燃料喷射到环境中会呈现出部分气体射流的特性,当喷射温度接近临界点时,射流在喷口附近产生冷凝;同时超临界燃料具有可压缩性,且压缩因子和比热比随温度及压力的变化显著,因此理想气体的流量计算公式不再适用于超临界燃料[2]。探究超临界燃料喷射的流量特性规律,建立适用于超临界燃料的喷射流量准则具有重要研究意义。

本书基于 Crist 等[3]和靳乐[4]的试验结果对超临界 RP-3 航空煤油开展了射流特性研究,喷嘴构型采用的是圆形直射式喷嘴,图 3-1 是采用阴影法获得的混合物射流结构纹影图。由图可见,喷嘴下游出现了欠膨胀声速射流,射流中出现了"马赫盘"的激波结构说明超临界碳氢燃料射流具有类似于理想气体的射流结构。图 3-1 中的激波结构表明超临界煤油的流动在喷口处发生了壅塞,混合物流速达到当地声速[5]。

在传统亚临界煤油的工程应用中,需要根据已知的燃油流量及状态参数来确定喷嘴的开孔面积,或者根据已知的燃油状态及喷嘴的开孔面积来确定燃油的流量。

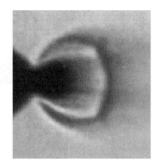

图 3-1　欠膨胀超临界燃油
射流的激波结构

但由于超临界燃油特殊的热物性,适用于不可压缩流体和理想可压缩气体的流量计算公式均不能适用于超临界态燃油[6],这为喷嘴的设计带来了非常大的挑战。

3.2　超临界煤油流量特性的数值模拟方法

采用数值计算来确定超临界燃料喷射流量,理论上讲,会是一种有效的解决思路。针对直喷式喷嘴的超临界碳氢燃料喷射流量特性,彭云晖等[7]采用了一维等熵流动的方法得到了不同状态下的超临界正癸烷/正戊烷混合物的流量,并与试验值进行了对比,计算中将燃料在喷嘴内的流动视为一维等熵流动过程,并且在喷口处达到当地声速,文献[8]采用了 SUPERTRAPP 软件计算燃料物性。研究结论认为数值模拟的结果与试验值符合得较好,最大误差在7%以内,同时文献进一步分析了产生误差的原因:在数值模拟时并未考虑超临界煤油裂解带来的影响,当超临界煤油温度超过 660 K 时,煤油的裂解对流量特性带来的影响不容忽视。由此可见采用现有模型的一维计算方法,得到的超临界燃油流量的计算值与测量值误差较大,如何建立超临界煤油的流量特性的精准计算模型是今后研究的重点。

范学军等[9]探究了煤油裂解对超临界煤油流量特性的影响,发现随着煤油温度的提升,煤油质量流量会逐渐减小,且在煤油温度达到 830 K 附近时,流量减小的趋势突然增大,分析认为这是由于煤油裂解带来的影响。进一步地,范学军等[9]还将试验结果与广义对应状态(extended corresponding states, ECS)模型及理想气体混合物模型(ideal gas mixture, IGM)的计算值进行了比较,对比结果如图 3-2 所示。

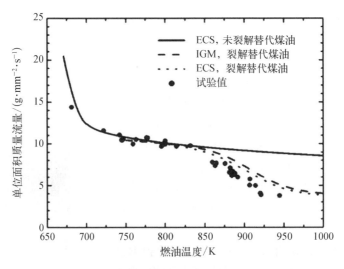

图 3-2　考虑煤油裂解的 ECS 模型和 IGM 模型的
模拟结果与试验值的对比[8]

在煤油温度低于 830 K 时,两种计算结果与试验结果吻合度较好,但在 830 K 之后,考虑煤油裂解的情况下 ECS 模型与试验值更为接近,IGM 模型则偏差变大,因此在进行超临界煤油流量计算时应充分考虑煤油裂解带来的影响。广义对应态法则基于不同流体的状态曲线存在一定的相似性的原理,采用临界参数无量纲化的方法,通过相似变换,从一种已知流体的状态求得未知流体的状态。关于广义对应态法则的详细介绍见参考文献[8]和[10]。

近年来,随着机器学习、人工智能等新兴数据科学方法的发展,将机器学习的方法应用于流体力学领域已成为研究的热点。王浩和谭建国[11]开展了基于深度学习的超临界裂解煤油流量特性研究,首先通过试验方法测量了大压降和温度范围内超临界裂解煤油的质量流量,对其流量特性进行了分析,分别采用多元回归方法和深度学习方法建立了超临界裂解煤油流量预测模型并给出了模型评估指标,实现了大压力和温度范围内超临界裂解煤油质量流量的准确预测。研究发现,基于深度学习方法的神经网络模型性能优于多元线性回归模型和多元多项式回归模型,能够更加准确地描述超临界裂解煤油的流量特性。采用机器学习方法的前提是,采用的超临界煤油流量试验数据是准确可信的,这就对试验测试手段提出了较高的要求。同时,如何利用合理的数值方法和模型,确保在非试验测量区间内超临界煤油流量的精准预测,也是值得关注的问题,否则采用机器学习方法获取超临界煤油流量的方式意义不大。

3.3　超临界煤油流量特性的试验测试方法

李忠鹏等[12]通过应用微孔限流孔板进行限流,得出了适用于超临界流体的流量计量方法,建立了流量计算的数学模型,并通过试验和数值拟合的方式确定模型中的相应参数,最终将超临界流体的体积流量与输送压力、出口背压和限流孔板结构等参数联系起来。上述方法获得的是流体的体积流量,若无法获知流体密度,则无法获得准确的超临界流体的质量流量,考虑到该文献中未给出计量方法的误差分析,其可靠性仍值得商榷。

由于超临界煤油喷射的特殊性和复杂性,建立适用于超临界煤油流量的测试方法难度较大。研究发现当超临界煤油温度足够高、其在声速喷管中加速至声速时不发生凝结时,超临界煤油喷射具有理想气体的性质,满足声速喷管测量流体流量的条件,此时可以采用声速喷管流量计来测量超临界煤油的流量[5]。

基于以上背景,范学军等[13]提出了一种超临界煤油流量的测量方法,原理是基于声速喷管的流量与温度、压力的关系,通过测量待测超临界流体的总温和总压间接计算得到其超临界流量的值,其具体测量步骤如下:

(1)分析待测煤油的各个组分;

（2）测量待测煤油的露点和泡点；

（3）根据步骤（1）、（2）选择替代煤油,替代煤油应包含每一类化合物的典型成分；

（4）根据广义对应状态法对替代煤油进行计算,获得密度、焓和熵等物性；

（5）利用声速喷管流量计测量流量,并采用等熵加速方法获取该流量计的喉道处替代煤油的物性；

（6）在声速的状态下求得替代煤油的密度、速度和单位面积流量,并选择不同温度和压力重复上述过程,把计算得到的替代煤油通过声速喷管的流量制成标定曲线,如图3-3所示,实线表示的即为不同压力下的煤油流量标定曲线；

（7）利用声速喷管流量计测量待测煤油的总温和总压,通过所述标定曲线得到煤油通过单位喷管喉道面积的流量,最后乘以喉道面积即可得到总流量。

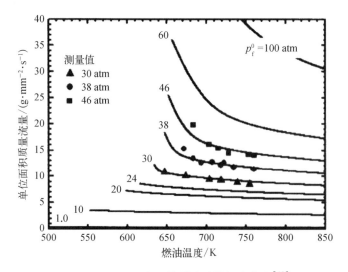

图3-3　不同压力下的煤油流量标定曲线[13]

值得注意的是,在超临界煤油靠近临界区间时,其物性对温度非常敏感,这极大地提高了温度精确测量的难度,此时也无法忽略超临界煤油产生的冷凝效应,这些原因都限制了这种测量方法的使用；另外当超临界煤油温度超过750 K时,在煤油流量的计算时应当考虑煤油裂解反应的影响,结合煤油裂解机理对测量方法进行修正。

为实现对高温高压流体流量的精准连续控制,中国科学院力学研究所[14]基于声速喷管测量流体流量的原理,提出了一种不同喉道直径声速喷管并联的方法并进行了试验验证,该文献测试了温度为700 K、压力为3 MPa的超临界态正癸烷燃料,在0~1.0 kg的流量调节范围内,调节精度小于1%,但在流量增大至5 kg/s时,该方法的调节精度大大降低,超过了 5%。这种方法可以为超临界燃料流量的连续调节提供一定参考。

3.4　基于再生冷却的超临界煤油的流量分配特性

在再生冷却的实际发动机中,燃油通过冷却通道冷却壁面时,壁面受到的热负荷通常是非稳态和不均匀的,这使得难以形成与之相匹配的燃油分布,导致燃油分配不合要求。另外燃油流量分配的差异会影响再生冷却换热性能,甚至可能发生局部过热现象。

景婷婷等[15]开展了超临界裂解煤油的并联通道流量分配特性的研究,其选择了天津大学吸热型碳氢燃料 HF－I 模型[16],考虑了流体的热物性变化,同时采用了 3 步 17 组分裂解模型来模拟煤油的裂解反应,试验和数值模拟的结果基本符合,说明该模型能够较好地模拟煤油裂解的影响。该研究指出对于常物性冷却介质而言,冷却通道的热流不均匀性不会引起冷却介质密度的变化,因此其流量分布规律也不会受到壁面加热条件的影响;对于可压缩的超临界碳氢燃料而言,即使是均匀分布的加热热流,当热流密度大小不同时,单位面积的加热量、对应的密度变化率也不同,进而导致各个分支管的流动阻力和进出口压差不同,同样会造成流量分布特性的变化。冉振华等[17]研究了超临界压力下 RP－3 航空煤油在并联 U 型管内的流量分配特性。研究发现:在较低压力且航空煤油在近临界温度附近,即使是等热流密度加热也会诱发管路流量的较大变化,导致煤油流量的重新分配;提高系统压力可以有效抑制并联管路中各支路流量分配失衡,增强系统稳定性。由此可见,超临界煤油管路流量分配并非简单地受单一变量的影响,如何解决超临界流动通道内热流不均匀性对流量分布的影响是值得重点关注的问题。

为了解决再生冷却中燃料作为冷却剂时,存在流量分配不均及吸热能力浪费的问题[18],姜俞光等[19]介绍了一种平行通道裂解燃料的流量控制方法,图 3－4 是文献所采用的双平行管实验装置,通过试验分析了限流器不同位置及相应的燃油温度对控制效果的影响,并验证了这种新型流动控制方式对裂解燃料流量分布具有均匀化的效果。

进一步地,姜俞光等[20]基于敏感性分析原理,对 RP－3 航空煤油在非均匀加热管中的流量和燃油温度分布进行了试验研究,研究发现 RP－3 航空煤油密度对温度的导数是引起流量分配不均的最主要因素,比定压热容次之,而当温度超过临界点时,流量对上述参数敏感度加大。该研究为超临界煤油流量分配的精准控制提供了新的思路。

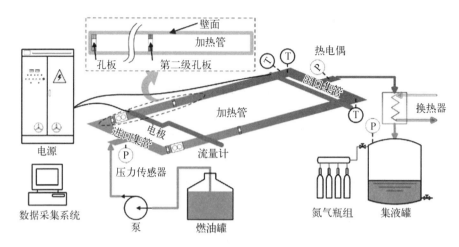

图 3-4   平行管加热通道的实验装置示意图

3.5   超临界煤油流量特性的试验探索

目前,在科学研究和工业生产中,根据测量的流量参数不同可以分为体积流量测量和质量流量测量。常用的流量计中,如孔板流量计、涡轮流量计、转子流量计等均为体积流量计。对于稳态流动的气体和液体的常规工质,质量流量是可以通过简单的密度换算得到的,而对于工质密度随温度和压力变化较为敏感的超临界流体而言,通过体积流量换算势必会造成较大的误差。通常,能够直接测量流体质量流量的流量计不仅比较昂贵,如科氏流量计,而且 RP-3 航空煤油的临界温度较高,已超过科氏流量计的耐温极限。其他的流量测量方法也均由于耐温或耐压极限的限制,很难用于超临界 RP-3 航空煤油的流量测量,因此,有必要通过试验的手段对其超临界流量特性进行探索研究。

本章 3.3 节中介绍的基于声速喷管测量超临界煤油流量的方法,当煤油温度低于 630 K 时,煤油经过声速喷管会发生冷凝导致流量无法测量;当煤油温度超过750 K 时,煤油裂解带来的影响不能忽略,这导致了测量误差的增大。以上的局限性导致了这种测量方法并不实用,因此本书作者在开展超临界煤油流量特性试验研究时,并没有采用这种方法,而是采用了高温集气称重法来测量超临界煤油喷射时的壅塞流量。高温集气称重法既实现了超临界煤油流量精准测量,也兼顾了实验测试的安全性、稳定性,试验旨在探究超临界煤油流量特性的影响因素。

3.5.1   实验系统搭建
目前,在一些有流量测量需求的超临界试验研究中,常将流量计置于燃油加热器之前来监控流量,但由于超临界流体具有可压缩性,很难保证流体在加热过程中保持稳态流动,因此,这种方法也会造成一定的误差。为了初步精确探索超临界 RP‑3 航空煤油的流量特性,作者采用了高温集气称重法分别测量了不同温度和压力下 RP‑3 航空煤油流经 0.5 mm 孔径直射式喷嘴的壅塞流量,将高温高压的超临界流体收集到一个耐温耐压的金属容腔后进行冷凝称重,从而计算其质量流量。为了保证试验精度,试验中采用电磁阀精准控制喷射时间,每组试验中流体的喷射时间不低于 20 s,且每种工况的流量值均通过 5 组重复试验求均值得到,实验系统如图 3‑5 所示。

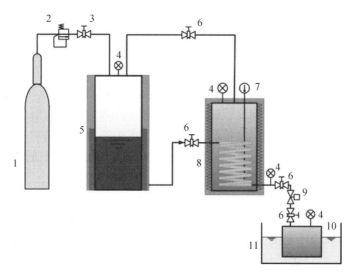

图 3‑5　高温集气称重法测量质量流量的实验系统

1. 高压氮气;2. 减压阀;3. 手动阀;4. 压力表;5. 缓冲/预热腔;6. 截止阀;
7. PT100 型热电偶;8. 流动型煤油加热器;9. 高温电磁阀;10. 集气腔;11. 冷却水槽

实验系统主要由煤油加热系统和喷射收集系统组成。试验中的喷嘴为黄铜材质,内径为 0.5 mm,长径比为 2.0,高温电磁阀的通径为 3.5 mm。为了减小称重误差,收集容腔的质量不宜太大,本书采用了壁厚为 1.0 mm 的不锈钢容腔作为收集容腔。为了不影响喷嘴的壅塞流量特性,喷射过程中收集容腔的压力不宜过高,所以需将收集容腔置于冷水中以加速高温工质的冷凝。通过对试验过程中收集容腔的压力进行测量后发现,其最大压力仅为 0.049 MPa,此时的喷射压比仍远高于临界压比,喷射过程中喷嘴始终处于壅塞状态,故试验中收集容腔的压力升高不会影响喷射流量。

试验成功的关键因素在于如何获得均质稳定且无结焦裂解现象发生的超临界燃油。由前文的研究可知,与纯净物燃料相比,混合物燃料不同组分间的物性差距很大,当采用静态容腔方式加热时形成的超临界流体并非均匀分布于加热腔内,而会出现分层现象。因此,为了获得均质稳定的超临界燃油,应避免采用静态容腔加热方式,而采用流动加热方式。然而,如果采用电热壁面的方式加热时,不仅加热温度不易控制,且经常会由于加热壁面超温导致燃油的结焦和裂解现象严重,以至于改变了燃油的自身物性,出现试验误差。

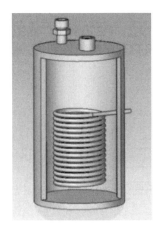

图3－6　高压油浴型的超临界燃油加热器结构示意图

为了解决上述问题,本书专门设计了一种采用两级加热方式的高压油浴型的超临界燃油加热器。第一级加热器采用的是静态容腔加热方式,加热器尺寸为$\phi200\times430$ mm,在超临界压力下将 RP－3 航空煤油静态加热至 250~300℃,此温度区间远低于该压力下工质的泡点值,故不会发生相变和分层现象。同时,为了避免加热器的壁面超温,一级加热器的加热功率不宜过大。第二级加热器采用了高压油浴的加热方式,将一级加热器中流出的高温工质通入图 3－6 所示的螺旋管中,且螺旋管被浸于二级加热腔内的高压油浴中,采用精密的温度控制系统调节二级加热器的加热功率,通过腔内超临界燃油的油浴换热来升温螺旋管中的工质至试验所需的温度。

采用上述高压油浴型加热方式的优点主要包括:

(1) 彻底解决了静态容腔加热方式所造成的工质不均匀问题;

(2) 与电热壁面型的流动加热方式相比,有效避免了壁面超温和加热不均匀现象,防止了加热过程中结焦和裂解现象的发生;

(3) 与空气浴换热相比,超临界油浴换热方式大大提高了换热的热通量;与沙浴换热方式相比,大大提高了换热工质的流动性和均匀性;

(4) 螺旋管中超临界流体体积较小(约 40 mL),大大降低了系统的防爆难度,提高了安全性能;

(5) 避免了高温流体与增压氮气的直接接触,有效抑制了高压氮气在超临界燃油中的溶解效应,提高了超临界工质的纯净度。

3.5.2　试验结果分析

为了对比分析特定喷嘴的喷射流量随温度和压力的变化规律,试验中分别测量了喷射压力 2.0 MPa、2.4 MPa、3.0 MPa、4.0 MPa 和 5.0 MPa 下,煤油温度在 20~440℃范围内的流量特性,所得结果如图 3－7 所示。通过分析可以发现:

(1) 当温度低于 200℃时流量随温度升高的变化幅度较小,并呈现出先增大后减小的变化趋势,其中 100℃附近时流量最大,这与文献[5]中的结论基本一致。这是因为对于液态煤油来说,在恒压供应条件下影响质量流量的因素主要有密

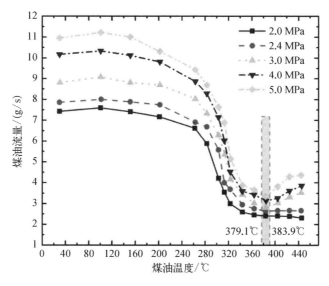

图 3 - 7　不同压力下流量随温度的变化规律

度和黏性,二者均随温度的升高而降低,虽然密度的降低会导致流量下降,但黏性的降低却可以提高流量,此温度区间的流量变化规律是密度和黏性综合作用的结果。

(2) 当温度处于 200~320℃ 时,流量随温度升高快速降低。可能是因为该温度区间内工质的密度不断下降,导致了流量的下降;同时,介质在喷嘴出口处开始出现亚临界闪蒸,瞬态汽化过程会在喷嘴出口处形成膨胀阻力,导致流量下降;且温度越高闪蒸越剧烈,膨胀阻力也越大,所以流量越小。此温度区间内流量的变化规律是密度和工质闪蒸的综合作用结果。

(3) 当温度处于 320~380℃ 时,流量随着温度的升高缓慢降低。根据文献的研究结论可知[21,22],此温度区间内工质的过热度已经满足实现亚临界完全闪蒸的条件($\Delta T = 154℃$),闪蒸时形成的膨胀阻力不再随温度的升高而升高,故此区间内的流量下降主要是由密度降低所导致的。

(4) 当温度高于 380℃ 时,不同压力下的流量变化趋势出现了差异,流量在亚临界和近临界压力下随温度的升高基本保持恒定,但在超临界压力下随温度的升高却有所升高。这可能是由于相变、凝结、密度、黏性以及比定压热容、蒸发潜热等复杂物性变化所导致的,每一个因素的改变都将影响到工质通过喷孔的流动状态,从而影响流量的变化,其具体的作用机制有待在进一步研究中得到验证。

为了分析近临界和超临界温度下的流量特性,图 3 - 8(a) 和 (b) 分别是近临界和超临界工况下 RP - 3 航空煤油的流量随温度和压力的变化规律。由图可见,超临界压力下流量随温度的变化趋势与亚/近临界工况下出现了分离,且压力越高流量随温度升高的回升幅度越大。然而,不同温度下流量随压力的升高却呈单调增大的趋势,且温度越高流量受压力的影响幅度越小。

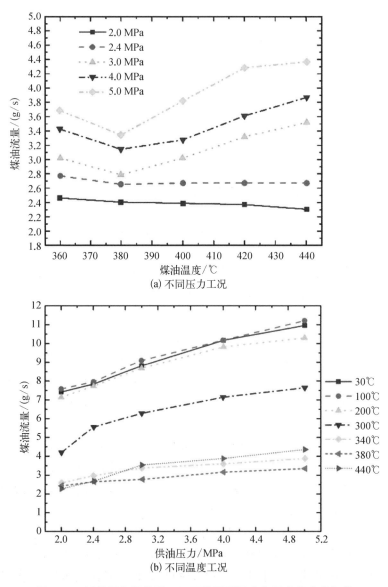

图 3－8　近临界和超临界工况下流量随温度和压力的变化规律

参考文献

[1]　Miser C, King P. PDE flash vaporization system for hydrocarbon fuel using thrust tube waste heat [C]. Tucson：41st AIAA/ASME/SAE/ASEE Joint Propulsion Conference and

Exhibit, 2005.

[2]　Wu P K, Chen T H, Nejad A S, et al. Injection of supercritical ethylene in nitrogen[J]. Journal of Propulsion and Power, 2015, 12(4): 770 - 777.

[3]　Crist S, Sherman P, Glas D. Study of the highly underexpanded sonic jet[J]. AIAA Journal, 1966, 4(1): 68 - 71.

[4]　靳乐. RP - 3 航空煤油的超临界喷射、蒸发和爆震燃烧特性研究[D]. 西安: 西北工业大学,2016.

[5]　Yang V. Modeling of supercritical vaporization, mixing, and combustion processes in liquid-fueled propulsion systems[J]. Proceedings of the Combustion Institute, 2000, 28(1): 925 - 942.

[6]　Star A M, Edwards J R, Lin K C, et al. Numerical simulation of injection of supercritical ethylene into nitrogen[J]. Journal of Propulsion and Power, 2006, 22(4): 809 - 819.

[7]　彭云晖,高伟,林宇震,等. 超临界碳氢燃料的射流特性研究[J]. 航空发动机,2019, 45(2): 59 - 64.

[8]　Ely J F, Huber M L. NIST standard reference database 4-NIST thermophysical properties of hydrocarbon mixtures[M]. Gaithersburg: National Institute of Standards, 1990.

[9]　Fan X, Gong Y, Li J, et al. Combustion and ignition of thermally cracked kerosene in supersonic model combustors[J]. Journal of Propulsion and Power, 2007, 23(2): 317 - 324.

[10]　Leach J W, Chappelear P S, Leland T W. Use of molecular shape factors in vapor-liquid equilibrium calculations with the corresponding states principle[J]. AICHE Journal, 1968, 14(4): 568 - 576.

[11]　王浩,谭建国. 基于深度学习的超临界裂解煤油流量特性研究[J]. 推进技术,2019, 40(6): 1419 - 1425.

[12]　李忠鹏,闫宝瑞,信春玲,等. 基于微孔限流孔板的超临界流体流量计量方法研究[J]. 仪表技术与传感器,2015(11): 105 - 107.

[13]　范学军,俞刚,卢锡年,等. 超临界态航空煤油流量测量方法[P]. 中国: CN1333238C, 2005.

[14]　中国科学院力学研究所. 一种高温高压燃料流量的控制装置及其构造方法[P]. 中国: CN105003356A,2015.

[15]　景婷婷,何国强,秦飞,等. 超临界裂解煤油的并联通道流量分配特性研究[J]. 西北工业大学学报,2019,37(1): 1 - 6.

[16]　Jiang R, Liu G, Zhang X. Thermal cracking of hydrocarbon aviation fuels in regenerative cooling microchannels[J]. Energy and Fuels, 2013, 27(5): 2563 - 2577.

[17]　冉振华,徐国强,邓宏武,等. 超临界压力下航空煤油在并联管中流量分配特性[J]. 航空动力学报,2012,27(01): 63 - 68.

[18]　Gascoin N, Gillard P, Dufour E, et al. Validation of transient cooling modeling for hypersonic application[J]. Journal of Thermophysics and Heat Transfer, 2007, 21(1): 86 - 94.

[19]　Jiang Y, Zhang S, Feng Y, et al. A control method for flow rate distribution of cracked hydrocarbon fuel in parallel channels[J]. Applied Thermal Engineering, 2016, 105: 531 - 536.

[20]　Jiang Y, Chetehouna K, Zhang S, et al. Sensitivity analysis of fluid properties and operating

conditions on flow distribution in non-uniformly heated parallel pipes[J]. Applied Thermal Engineering, 2018, 130：458 – 465.

[21] 范珍涔. 液态碳氢燃料闪蒸及超临界喷射研究[D]. 西安：西北工业大学,2013.

[22] Fan Z, Wei F, Zhao L, et al. Experimental study on flash atomization of aviation kerosene [J]. Atomization and Sprays, 2012, 22(2)：163 – 183.

第4章
航空煤油超临界蒸发特性研究

本章基于试验,开展了 RP-3 航空煤油油滴在超临界环境中的蒸发特性研究,重点关注了环境参数对液滴寿命、瞬态蒸发常数等描述液滴蒸发过程的关键参量的影响,并得到了一系列定性或定量的结论。

4.1 实验系统和研究方法

开展油滴在超临界环境中的蒸发试验,需要解决以下四个问题,分别是:① 形成温度和压力参数可调的超临界环境;② 超临界环境中油滴的稳定悬停;③ 保持油滴初始温度的恒定;④ 恶劣工况下油滴蒸发过程的观测和油滴直径的计算。为了解决上述问题,本章设计了如图 4-1 所示的实验系统。

实验设备的核心部分为图 4-1 中的超临界容腔(11),容腔通过加热柱形壁面的方式来控制温度,通过调节供给氮气的压力来控制背压,可提供最高达 500℃ 的环境温度与最高 4.0 MPa 的背压。柱形容腔外包裹硅酸铝纤维进行保温,通过 K 型热电偶分别监测腔内环境温度和壁面温度,并通过智能型 PID 调节仪和零压型智能电力模块相结合的方式来实现对腔内温度和加热功率的控制。在研究液滴蒸发的过程中,容腔内填充高纯氮气作为保护气体。试验开始后,燃油油滴由容腔上方的储油罐流经导油管,最终在处于容腔中心位置的油滴悬停器上悬停。为了实现对油滴初始温度的控制,在暴露于容腔内部的导油管部分设计了恒温水槽,通过调节水温来控制悬停在容腔内部的液滴的初始温度。

油滴悬垂器由石英纤维制成,包括直杆段与圆球端两部分,其中直杆段直径为 0.5 mm,圆球端直径为 1.0~2.0 mm,如图 4-2 所示。为了降低悬垂器导热的影响,本研究采用了导热系数较低、导热效应可忽略[1]的石英纤维作为悬垂器。试验中通过高压氮气同时对储油罐和超临界容腔加压,保持整个实验系统的压力平衡,使得燃油仅靠重力作用缓慢流下并在液滴悬垂器上悬停。

容腔视窗直径为 65 mm,RP-3 航空煤油油滴在背景光源的作用下呈现对比度较高的投影图像,能够较好地分辨出液滴的外围轮廓。在这一基础上,可通过编

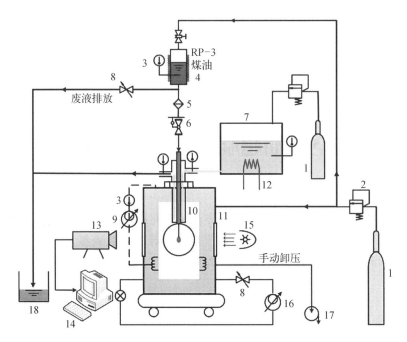

图 4 - 1 油滴在超临界环境中蒸发的实验系统图

1. 高压氮气瓶; 2. 减压阀; 3. 热电偶; 4. 可加热式储油罐; 5. 过滤器; 6. 电磁阀;
7. 高压水箱; 8. 泄气阀; 9. 温度变送器; 10. 恒温导油管; 11. 超临界容腔;
12. 水箱加热器; 13. 高速摄影仪; 14. 数据采集系统; 15. 背景光源;
16. 压力变送器; 17. 真空泵; 18. 废液收集箱

(a) 导油管和悬垂器的连接　　(b) 不同直径的悬垂器

图 4 - 2 油滴悬垂装置实物图

程提取特定灰度范围以上的像素点数量,进行油滴的面积计算,如图 4 - 3 所示。由于存在重力,试验中形成油滴的形状并非正圆形,本书通过将近椭球形的截面图像等效为圆形处理,计算得到等效直径[2]。

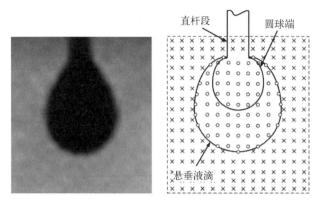

图 4-3 油滴直径的计算原理图

4.2 RP-3 煤油液滴在超临界环境中的蒸发特性

基于上文所述实验系统和研究方法,本章研究了当环境温度为 270~480℃,环境压力为 1.0~4.0 MPa,油滴初始温度范围为 20.8~100℃,油滴初始直径范围为 1.63~2.74 mm 时,RP-3 航空煤油油滴的超临界蒸发特性受环境温度、环境压力以及油滴初始温度的影响规律,该环境温度、压力范围涵盖了 RP-3 航空煤油的亚临界态和超临界态[3-5]。

4.2.1 燃油油滴的初始直径

研究发现,悬垂器上形成的油滴大小主要受悬垂器末端直径以及油滴初温的影响,基本不受环境温度和压力的影响。图 4-4 所示分别为不同环境工况下

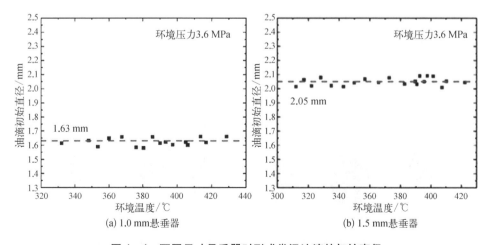

(a) 1.0 mm 悬垂器

(b) 1.5 mm 悬垂器

图 4-4 不同尺寸悬垂器时形成常温油滴的初始直径

1.0 mm 和 1.5 mm 悬垂器上形成的常温油滴的直径分布情况,油滴平均直径分别为 1.63 mm 和 2.05 mm。

4.2.2　环境参数对油滴蒸发特性的影响

4.2.2.1　环境参数对瞬态蒸发常数的影响

首先对 2.05 mm 直径的常温油滴开展了试验研究,环境参数覆盖了 RP‑3 航空煤油的亚临界和超临界工况,具体研究工况如图 4‑5 所示。

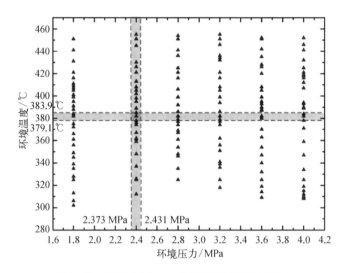

图 4‑5　直径 2.05 mm 油滴蒸发试验的工况点

图 4‑6 展示了燃油油滴蒸发的代表过程。油滴的无量纲直径的平方 $(d/d_0)^2$ 通常被当作反映油滴蒸发特性和蒸发寿命的量度,而油滴的蒸发速率可用瞬态蒸发常数 K 来表征,其中,$K = (d_0^2 - d^2)/(t - t_0)$。为了对比分析不同环境温度和压力下油滴蒸发特性的差异,本研究分别选取了亚临界($T_{env} = 325℃$,临界点无量纲化温度 $T_r = T_{env}/T_c = 0.91$)、近临界($T_{env} = 382℃$,$T_r \approx 1$)和超临界($T_{env} = 421℃$,$T_r = 1.06$)温度下油滴的蒸发图像进行了对比。

图 4‑7 是不同工况下油滴无量纲直径的平方和瞬态蒸发常数随时间的变化曲线。可以发现在三种工况下,油滴无量纲直径的平方均会在蒸发初期有所增大,

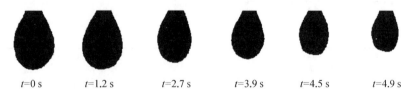

| $t=0\,s$ | $t=1.2\,s$ | $t=2.7\,s$ | $t=3.9\,s$ | $t=4.5\,s$ | $t=4.9\,s$ |

图 4‑6　油滴在超临界压力环境中的蒸发过程($T_{env} = 375℃$,$p_{env} = 2.8\ MPa$)

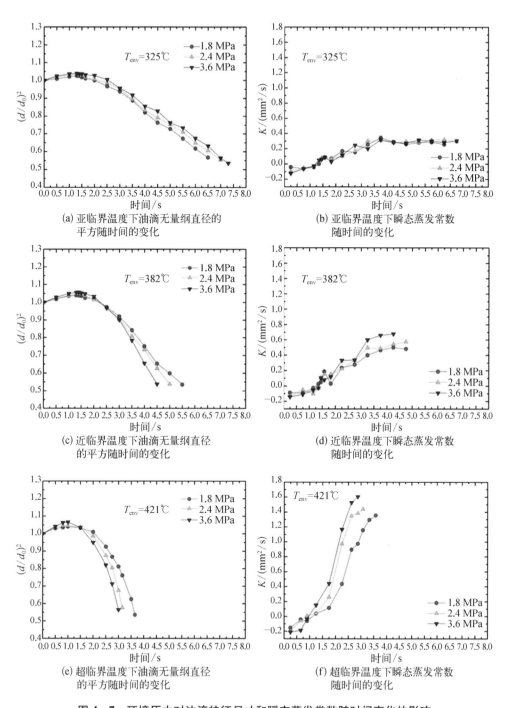

图 4-7　环境压力对油滴特征尺寸和瞬态蒸发常数随时间变化的影响

某一时刻达到最大值后再不断地减小,直至蒸发完毕。

油滴在蒸发初期出现膨胀主要是因为油滴的初始温度较低,此时表面的蒸发速率很小,而油滴在高温环境中迅速吸热后体积膨胀,由于表面蒸发速率低于膨胀速率,所以蒸发初期的直径会变大。当油滴表面的蒸发速率与体积膨胀速率相等时,油滴的直径达到最大值。随后油滴的表面蒸发速率进一步增大,油滴直径不断减小,直至蒸发完毕。

当环境温度从亚临界逐渐上升到超临界时,油滴的蒸发寿命显著缩短,在超临界压力下这一变化尤为显著,且环境压力越高,环境温度的升高对油滴蒸发速率的提升效果就越显著。

在亚临界温度下 K 随时间逐渐增大,并趋于稳定,且不同环境压力下稳定后的瞬态蒸发常数大致相等,基本符合"D^2 定律"[6-8]。近临界温度下,K 随时间不断增大,而增大幅度逐渐放缓并基本趋于稳定,且环境压力越高,稳定阶段的 K 值越大。而在超临界温度下,K 在蒸发完成时也不会趋于恒定,且环境压力越高,相同时刻的 K 值越大,说明超临界温度下油滴的蒸发特性已经截然不同。

4.2.2.2   环境参数对油滴蒸发寿命的影响

与环境温度相比,环境压力对油滴蒸发寿命的影响较小,且在不同环境温度下表现出了不同的规律。

亚临界温度环境下,环境压力的升高蒸发寿命增长,超临界温度时,环境压力的升高蒸发寿命变短。这可能是因为,亚临界环境温度时,油滴的蒸发主要通过表面汽化进行,此时压力越高汽化温度越高,蒸发速率越慢。而超临界环境温度时,环境压力升高更有利于引发超临界相变,加速油滴表面的传热传质过程,从而蒸发加快。图 4-8 为不同压力下燃油油滴蒸发寿命随环境温度的变化曲线。

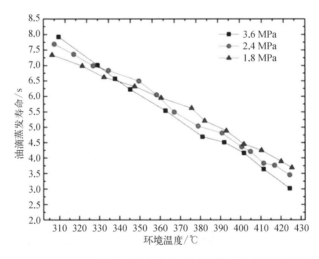

图 4-8   不同压力下油滴蒸发寿命随环境温度的变化曲线

4.2.2.3　环境参数对油滴边界迁移的影响

油滴在超临界环境的蒸发后期,油滴边界会出现散射光斑,如图 4-9 所示。这是由于油滴表面发生了超临界相变,形成气态、超临界态和液态的过渡区域,油滴的边界不再清晰。研究发现,这种现象只有在超临界环境中才会出现,且环境温度和压力越高,油滴边界消失的时间越早,出现光斑时的油滴直径越大。这是由于环境温度和压力的升高使得油滴升温加快,油滴表面更早地发生了超临界相变所致。图 4-10 是油滴边界消失时的油滴直径和时间随环境温度的变化规律。

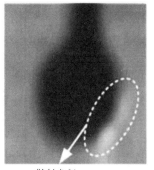

散射光斑

图 4-9　油滴表面出现超临界散射光斑时的实验图像

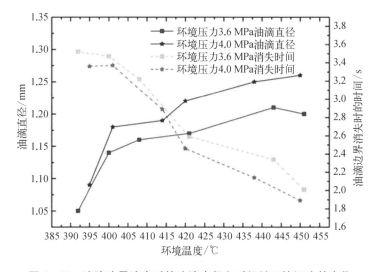

图 4-10　油滴边界消失时的油滴直径和时间随环境温度的变化

4.2.2.4　环境参数对初始加热阶段时间占比的影响

本书定义油滴蒸发初期直径先增大后回落至初始直径的过程为油滴蒸发的初始加热阶段,所经历的时间用 t_i 表示;定义之后的蒸发阶段为稳定蒸发阶段,用 t_w 表示;蒸发总时长用 t_e 来表示,即 $t_e = t_i + t_w$,如图 4-11 所示,AB 段为蒸发的初始加热阶段,液滴特征尺寸随时间的变化尚未呈现线性规律;BC 段为稳定蒸发阶段,这一阶段内液滴特征尺寸随时间呈线性变化。

书中定义一个无量纲参数 $Bi = t_i/t_e$,来表征初始加热阶段的占比。经研究发现,Bi 主要受环境温度的影响,而受环境压力的影响较小,如图 4-12 所示。环境温度越高,Bi 越大,初始加热阶段的占比最大可接近 50%,说明高温环境虽然能够

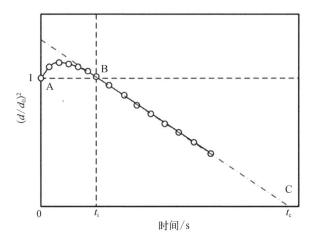

图 4-11　油滴不同蒸发阶段的定义

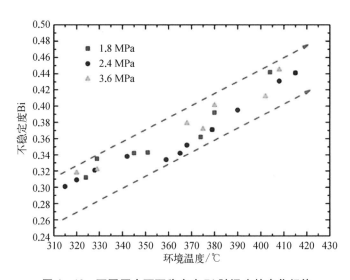

图 4-12　不同压力下不稳定度 Bi 随温度的变化规律

使油滴蒸发速率提高,但初始加热段的时间未明显缩短,导致 Bi 较高。因此,加快蒸发速率还需采取有效措施来缩短初始加热段时间,其中一个行之有效的途径是提高油滴的初始温度。

4.2.3　油滴初始温度对蒸发特性的影响

在环境温度为 400℃(T_r = 1.027),环境压力分别为 1.0 MPa、1.8 MPa、2.4 MPa、3.0 MPa 和 4.0 MPa 时,分别实测了油滴初温在 20.8~100℃时的蒸发规律。为了在不同初始温度下形成相同大小的油滴,本书采用了不同末端直径的悬垂器,例如直径为 1.0 mm 的悬垂器上悬停的常温油滴直径约为 1.63 mm,而当初始温度为 50℃ 和 100℃ 时,形成相同大小的油滴所需的悬垂器直径分别为 1.07 mm 和 1.24 mm。因此,考虑悬垂器的直径差异,为了便于对比,以最大悬垂器直径 1.24 mm 作为理论蒸发终止时刻,即 $(d/d_0)^2 = (1.24/1.63)^2 = 0.579$。

4.2.3.1　油滴初温对瞬态蒸发常数的影响

图 4-13 是不同初温油滴的蒸发规律,其中(a)、(c)和(e)分别为油滴在亚临界、近临界和超临界环境下无量纲直径的平方随时间的变化规律,(b)、(d)和(f)分别是油滴在亚临界、近临界和超临界环境下瞬态蒸发常数随时间的变化规律。可以看出,油滴的初温越高,其蒸发时间越短,油滴的最大初始膨胀率也越小,瞬态蒸发常数的值会随油滴初温的升高而升高。另外,在亚临界压力和近临界压力下,不同初温的油滴稳定蒸发阶段的蒸发常数变化均较小,而在超临界压力下,油滴初温越高,其末段蒸发常数越高,这是由于较高初温油滴的蒸发表面更容易达到超临界态,超临界工质有着更高的传热和传质速率[9, 10]。

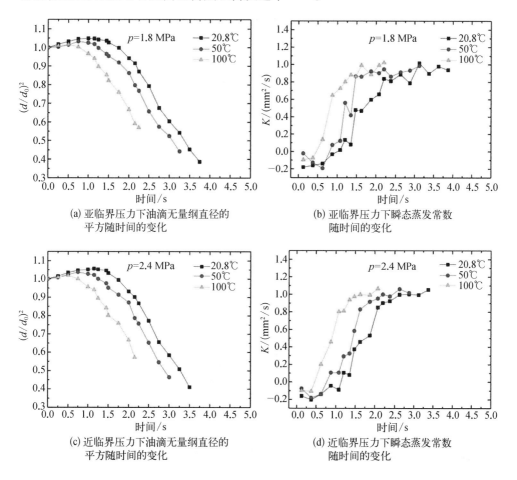

(a) 亚临界压力下油滴无量纲直径的
平方随时间的变化

(b) 亚临界压力下瞬态蒸发常数
随时间的变化

(c) 近临界压力下油滴无量纲直径的
平方随时间的变化

(d) 近临界压力下瞬态蒸发常数
随时间的变化

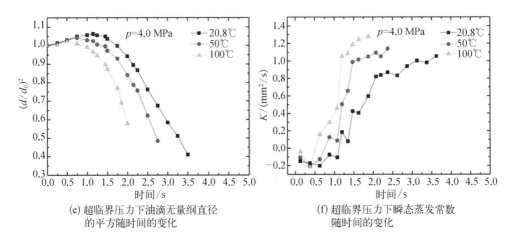

(e) 超临界压力下油滴无量纲直径　　　　　　(f) 超临界压力下瞬态蒸发常数
　　的平方随时间的变化　　　　　　　　　　　随时间的变化

图 4 - 13　不同初温油滴的蒸发规律

4.2.3.2　油滴初温对蒸发寿命的影响

图 4 - 14 是不同工况下油滴的平均寿命随初始温度的变化规律,由图可见油滴的平均蒸发寿命随油滴初温的升高显著降低。为了更直观地反映油滴初温对蒸发寿命的影响,图 4 - 15 给出了不同工况下油滴寿命下降幅度受油滴初温的影响(以常温油滴为标准),油滴初温提高 80℃后油滴的蒸发寿命可缩短 30% 以上。

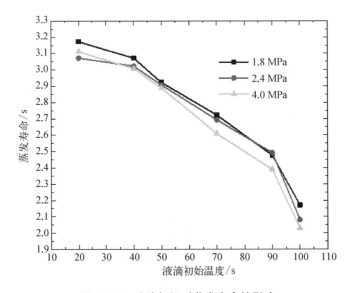

图 4 - 14　油滴初温对蒸发寿命的影响

4.2.3.3　油滴初温对加热段时间占比的影响

图 4 - 16 是 Bi 随油滴初温的变化规律。可以发现,Bi 随着油滴初温的升高而

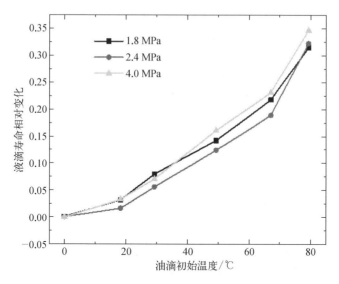

图 4 - 15　蒸发寿命缩短幅度受油滴初温的影响

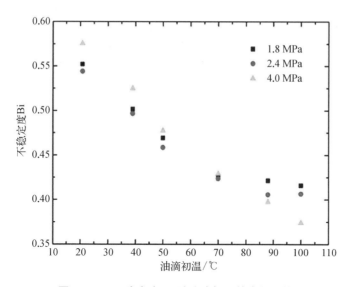

图 4 - 16　不稳定度 Bi 随油滴初温的变化规律

显著减小,说明油滴初始加热时间占总蒸发时间的比例越来越小,平均蒸发速率显著提高。

参考文献
---

[1]　Schmitt T, Mery Y, Boileau M, et al. Large-eddy simulation of oxygen/methane flames under transcritical conditions[J]. Proceedings of the Combustion Institute, 2011, 33(1): 1383 - 1390.

[2] 王方,刘睿,张学智,等.煤油单滴在相对静止和强迫对流环境下的蒸发规律[J].燃烧科学与技术,2017,23(6):485-491.

[3] Zhong F, Fan X, Wang J, et al. Characteristics of compressible flow of supercritical kerosene [J]. Acta Mechanica Sinica, 2012, 281(1):8-13.

[4] Wang N, Zhou J, Pan Y, et al. Experimental investigation on flow patterns of RP-3 kerosene under sub-critical and supercritical pressures[J]. Acta Astronautica, 2014, 94(2):834-842.

[5] Gao W, Lin Y, Hui X, et al. Injection characteristics of near critical and supercritical kerosene into quiescent atmospheric environment[J]. Fuel, 2019, 235:775-781.

[6] 张群,黄希桥.航空发动机燃烧学[M].北京:国防工业出版社,2015.

[7] Javed I, Beak S W, Waheed K, et al. Evaporation characteristics of kerosene droplets with dilute concentrations of ligand-protected aluminum nanoparticles at elevated temperatures[J]. Combustion and Flame, 2013, 160(12):2955-2963.

[8] Khan Q, Baek S W, Lee S Y. Effect of droplet initial diameter on droplet vaporization regimes for kerosene fuel droplet[C]. Reno:45th AIAA Aerospace Sciences Meeting and Exhibit, 2007.

[9] Li L, Xie M, Wei M, et al. Numerical investigation on cryogenic liquid jet under transcritical and supercritical conditions[J]. Cryogenics, 2018, 89:16-28.

[10] Wei W, Qin W, Yue M, et al. Numerical investigation on fuel injection into a multicomponent gaseous environment under trans/supercritical condition[J]. Numerical Heat Transfer, Part A: Applications, 2019, 77:33-50.

第 5 章
超临界航空煤油喷射和掺混特性研究

目前针对超临界大分子碳氢燃料喷射的研究多以内燃机为背景,以航空发动机燃烧室为背景的研究尚处于起步阶段,对超临界航空煤油的喷射混合特性尚不明确。未来高性能航空发动机主燃烧室和加力燃烧室中,主要涉及亚临界燃油喷射入超临界环境、超临界燃油喷射至超临界环境及超临界燃油喷射至亚临界环境三种超临界喷射。本章以 RP‑3 航空煤油作为研究对象,进行了跨临界燃油射流形态、超临界燃油喷射混合特性等内容的基础性试验探索。由于超临界航空煤油喷射至超临界环境的实验测试难度较大(会出现浓密的油烟导致试验无法有效测量),因此本章主要进行了其他两种超临界喷射与掺混特性的研究。研究中结合图像分析方法,分析了热力学参数以及几何结构对喷射混合特性的影响。

5.1　实验测量系统

5.1.1　实验系统

图 5‑1 是研究超临界航空煤油喷射和掺混特性的实验系统,由供油系统、供气系统、测量系统和同轴喷嘴等四部分组成,采用了与第 3 章中图 3‑5 相同的供油系统,测量系统则将在后续 5.1.2 节详述。

试验采用了简单直射式喷嘴,喷射环境为温度和压力可变的氮气环境。使用的喷嘴结构和几何参数如图 5‑2 和表 5‑1 所示。由于喷嘴长度过短会产生涡旋效应从而影响试验的可靠性[1],为排除涡流影响,喷嘴长度选定为 25 mm。

表 5‑1　喷嘴的具体几何参数

喷嘴序号	喷嘴长度 L/mm	喷嘴出口直径 d/mm	L/d
1#	25	0.5	50

此外,还选用了结构简单的同轴喷嘴进行试验研究。如图 5‑3 所示,煤油为中心射流,从直径为 0.5 mm 的直通喷孔喷出;掺混气流为环形氮气射流,从内径为

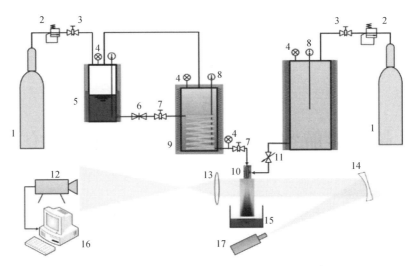

图 5－1　超临界煤油同轴喷射及掺混实验系统

1. 高压氮气；2. 减压阀；3. 手动阀；4. 压力表；5. 压力缓冲罐/预热油箱；6. 高压煤油过滤器（10 μm）；
7. 截止阀；8. 热电偶（PT100）；9. 超临界煤油加热器；10. 可更换喷嘴组件；11. 电磁阀；12. 高速摄影仪；
13. 凸透镜；14. 凹面镜；15. 温度压力可调定容腔；16. 数据采集系统；17. 氙灯点光源

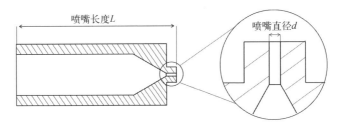

图 5－2　试验用直射喷嘴结构图

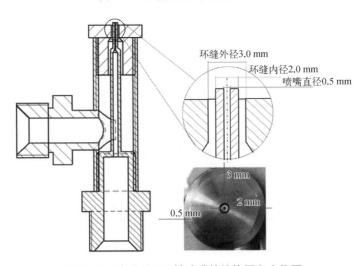

图 5－3　试验所用同轴喷嘴的结构图和实物图

2.0 mm,外径为 3.0 mm 的环形流道喷出,环形流道与直通喷孔同轴线安装。对有掺混气流情况下的超临界喷射掺混特性进行试验研究,使其与真实航空发动机燃烧室情况更为接近(航空发动机燃烧室中的喷射一般会有旋流器、稳定器等装置提高掺混效果)。喷射环境为常温常压的大气环境。

5.1.2　测量系统

1. 纹影系统

在超临界航空煤油喷射扩张角研究中,采用了纹影成像法。纹影法的理论基础为:不均匀的流场密度会导致平行光线的偏折,投射在光屏上或相机中会出现明暗不等的图像,反映了流场中的密度梯度变化。该方法具有光路简单、成本较低等特点,在气态燃料的喷射与燃烧测量中被广泛采用。对于亚临界大分子燃料而言,其射流透光性较差,无法通过纹影法获得射流内部信息,只能获取射流的外围边界,纹影法的适用性相对受限。

相较于亚临界大分子燃料,超临界态流体一方面具有较强的可压缩性,其在喷嘴附近存在着较为复杂的波系结构,易造成局部密度梯度的变化,这一现象可通过纹影法显示出来;另一方面,超临界态流体透光性较强,不再受亚临界大分子燃料透光性弱的限制,通过纹影测量可以获取射流内部的流场与波系结构。本章采用纹影技术对超临界流体喷射至亚临界环境的喷射流场进行测量,其光路如图 5-4 所示。纹影

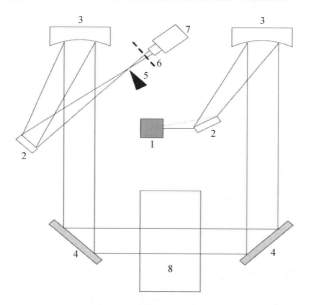

图 5-4　纹影系统光路示意图
1. 氙灯点光源;2. 小平面镜;3. 球面反射镜;
4. 主平面镜;5. 刀口;6. ND 滤光片;7. 相机;8. 测试容腔

系统的主球面反射镜直径 300 mm，焦距 3 000 mm，光源采用功率为 500 W 的氙灯。

2. 阴影显微成像

如图 5-1 所示，在超临界同轴喷射与掺混特性研究试验中使用了阴影系统。在试验研究中，为进一步获得清晰的超临界煤油近喷嘴出口射流结构图像，在阴影成像系统中引入了光学透镜，对射流出口的区域进行了显微成像，其光路原理如图 5-5 所示。

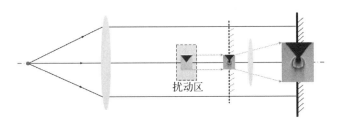

扰动区

图 5-5　阴影显微成像技术原理图

3. Mie 散射系统

德国物理学家 Mie 提出了米氏散射理论[2]，该理论对处于均匀介质的各向同性的单个介质球在单色平行光照射下，给出了基于麦克斯韦方程边界条件的严格数学解。百余年来，米氏散射理论得到了很大的发展，适用范围也在逐渐扩大。当大气中的粒子直径与入射光的波长相当时就会发生 Mie 散射，这种散射主要由大气中的微粒，如尘埃、小水滴及气溶胶等引起的，散射的光强受波长影响较弱。本研究中运用 Mie 散射原理来记录航空煤油喷入大气环境中的过程，以获取航空煤油的液相喷雾结构。

图 5-6 为 Mie 散射系统实物图，由激光发生器产生的激光束经过凹透镜被拉

图 5-6　Mie 散射系统实物图

伸为平面激光,此时的平面激光较厚,为了能够精确获取所需平面上的喷雾结构信息,将波长为 532 nm 的点激光经过平凹柱面镜和平凸柱面镜后压缩成厚度小于 0.7 mm 的线激光,该线激光穿过待测区域时与航空煤油喷雾作用后发生 Mie 散射,由高速摄影机记录散射信息,相机拍摄方向垂直于平面激光。

4. 高速摄影系统

高速摄影系统是可视化记录试验数据的重要手段,可以记录待测对象的动态发展过程,尤其是可以获取肉眼难以分辨的细节特征。试验中所用高速摄影机为 iX Camera716 和 Phantom V7.2,两者参数如表 5-2 所示。

表 5-2　iX Camera716 和 Phantom V7.2 相机参数

	iX Camera716	Phantom V7.2
最大拍摄频率	2×10^5 Hz	2×10^5 Hz
最大分辨率	2 048×1 536	800×600
最小曝光时间	1 μs	2 μs

5. 粒度测量系统

获取粒子的粒径大小与空间分布是研究喷射雾化特性的重要手段,本研究采用了粒度分析系统处理喷雾场粒径信息,粒度仪为德国新帕泰克公司的 HELOS - VARIO 型粒度仪,实物图如图 5-7 所示。粒度仪的测量是基于光的衍射原理进行。粒径测量范围为 0.5~1 750 μm,测量误差在±3% 以内,采样频率为 10 Hz,采样时为单点测量,粒度测试原理如图 5-8 所示。试验中,首先通过光学支架对系统进行调焦,使得信号接收器可以正对接受到激光发射器信号。在对焦成功之后,对喷射的环境进行测试,以消除环境造成的误差。实际测试过程中,激光光束穿过

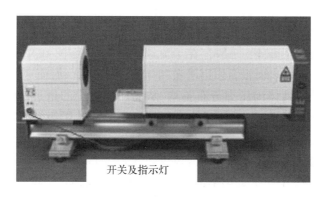

开关及指示灯

图 5-7　粒度仪实物图

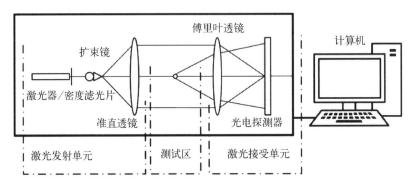

图 5-8　粒度测量原理示意图

被测喷射场,光经过衍射之后被接收器接收,光束的偏移距离经数据传输系统传送至计算机,通过软件后处理获得喷射场粒度信息。

5.2　液态航空煤油跨临界射流破碎形态研究

由于先进航空发动机高性能的需求决定了燃烧室进口温度和压力越来越高,这导致液态高压燃料喷射至超临界环境的跨临界喷射的出现。本节针对这种跨临界喷射进行研究,分析了其破碎形态和长度的宏观特性。

5.2.1　射流破碎形态介绍

对液体喷射而言,典型的喷射特性为连续液相长度、液滴尺寸以及破碎机理等[3],喷射形式的不同主要体现在破碎机理上。基于此可将喷射及后续的破碎过程分为以下四种形态,其对应射流形态如图 5-9 所示:

(1) 瑞利(Rayleigh)模式破碎[4]:主要存在于远离喷孔的下游处,在液体离开喷孔后受到表面张力的影响,在表面产生扰动,这种扰动一般呈现轴对称的形式并逐渐增长,当振幅达到射流直径时断裂,因此产生的液滴直径一般大于或等于射流直径,此种射流形态如图 5-9(a)所示;

(2) 第一类风生破碎:一般存在于流速较低的射流中,在介质气体的空气动力作用下射流自身的表面张力作用增强,射流表面产生扰动,而这种扰动会引起表面曲率的变化致使液体内压力分布不均,从而加速扰动的增长,促进射流破碎进程,此类分类产生的液滴大小与喷孔直径处于相同的数量级,此种射流形态如图 5-9(b)所示;

(3) 第二类风生破碎:由于射流速度较快,扰动是由气液相界面相对运动造成的小波长表面波引起的,此时射流自身的表面张力反而是稳定射流的因素之一,抑制其扰动的快速增长。此类型分裂一般出现在射流中部,破碎形成的索泰尔平均直径(Sauter mean diameter, SMD)值与射流直径相比要小很多,此种射流形态如图 5-9(c)所示;

(4) 雾化:由于射流速度进一步增长,液体射流在刚刚离开喷孔后不久就会发生分裂破碎,产生大量的破碎液滴,此类型分裂产生的液滴直径比射流直径小得多,液滴甚至比第二类风生破碎还要细小。当发生雾化时,未受扰动液核长度并不为零,其内部存在还没有发生分裂破碎的区域,此种射流形态如图 5-9(d)所示。

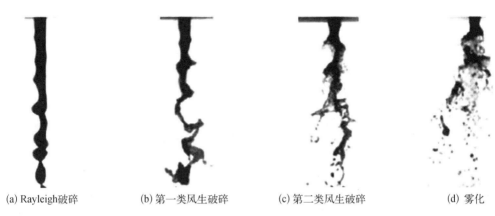

(a) Rayleigh破碎　　　(b) 第一类风生破碎　　　(c) 第二类风生破碎　　　(d) 雾化

图 5-9　不同破碎方式下的射流形态

5.2.2　射流破碎形态研究

由于存在相变,跨临界射流的破碎过程与亚临界液态射流相比存在较大差异。相变过程使得射流破碎机理发生了本质上的改变,这也使得跨临界射流具有独特的宏观形态。接下来主要介绍跨临界航空煤油射流宏观形态受喷射参数影响的研究结果,并与亚临界射流进行比较。

试验采用的是表 5-1 中介绍的喷嘴,喷射环境为静止的氮气环境,煤油喷射前温度为23℃。表 5-3 是液态煤油跨临界喷射的试验参数,其中亚临界环境工况(环境压力小于 2.4 MPa)是为了与跨临界喷射工况(环境压力大于 2.4 MPa)进行对比研究的。

表 5-3　跨临界喷射试验参数(p_{cr}=2.4 MPa, T_{cr}=380℃)

参　　数	最　小　值	最　大　值
环境温度/℃	350	465
环境压力/MPa	0.3	2.8
喷射压力/MPa	0.5	3.2

图 5‐10 展示了不同环境温度下的跨临界喷射形态。结合相关研究[5]可知：在相同喷射压力和环境压力下(流速主要由喷射液体黏性、压差决定,此时流速基本保持不变),且环境温度较低(350℃)时,喷射符合 Rayleigh 破碎特征,如图 5‐10(a)所示;随着温度的升高,喷射破碎过程加快,喷射形态则表现为一次旋流引导破碎形态,如图 5‐10(b)、图 5‐10(c)所示;随着温度的进一步升高,喷射的破碎距离进一步缩短,破碎产生粒径降低,喷射形态则转变为二次旋流引导破碎,如图 5‐10(d)所示。环境温度对跨临界喷射影响的结果表明：在跨临界状态下,环境温度的改变会显著影响射流形态,是影响喷射过程的重要因素;但对于亚临界液态射流喷射过程[6]而言,喷射形态转变的控制参数是喷射雷诺数(喷射速度),与环境温度无关。基于 Reitz[7]对柴油机喷射的试验数据可以获得亚临界液态喷射形态的规律：随着喷射速度的增大,喷射形态依次由图 5‐10(a)中的形态向图 5‐10(d)转变。

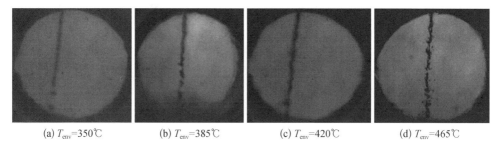

(a) $T_{env}=350℃$ (b) $T_{env}=385℃$ (c) $T_{env}=420℃$ (d) $T_{env}=465℃$

图 5‐10   不同环境温度下的跨临界煤油喷射的射流形态
($T_{inj}=23℃$, $p_{inj}=2.6$ MPa, $p_{env}=2.4$ MPa)

表 5‐4 是在不同温度下跨临界喷射在不同压差下的喷射形态分布,由表可知,随着环境温度的升高,喷射形态的转变加快,即从前一种喷射形态向后一种喷射形态转变所需的雷诺数[5](速度)变小,这是在超临界环境下,射流的表面张力与物性参数均对环境温度变化更为敏感所致。

表 5‐4   不同工况下的喷射形态

压差	温度 / 雷诺数	350℃	380℃	420℃	465℃
0.05 MPa	676.056	Rayleigh 破碎	Rayleigh 破碎	Rayleigh 破碎	第一类风生破碎
0.10 MPa	1 352.112	Rayleigh 破碎	Rayleigh 破碎	Rayleigh 破碎	第一类风生破碎
0.15 MPa	2 028.168	Rayleigh 破碎	Rayleigh 破碎	第一类风生破碎	第一类风生破碎
0.20 MPa	2 704.224	Rayleigh 破碎	第一类风生破碎	第二类风生破碎	第二类风生破碎
0.25 MPa	3 380.28	第一类风生破碎	第二类风生破碎	第二类风生破碎	第二类风生破碎

　　图 5 - 11 是相同的环境压力和温度下，不同喷射速度下的跨临界喷射形态图。可以看出，当喷射速度增大到某一值后，射流会呈现一种"连续雾状"的形态，如图 5 - 11(c)所示。这类状态在不同燃料的超临界射流中都有出现[8-10]，且在一形态变化过程中，射流的破碎现象不同于与亚临界工况，破碎不再是从射流内部起始，而是由外向内的连续过程，如图 5 - 12 所示。这些特点是由超临界环境下的流体特性决定的：在超临界状态下流体的表面张力为零，意味着喷射不会有粒子或者分段射流存在。

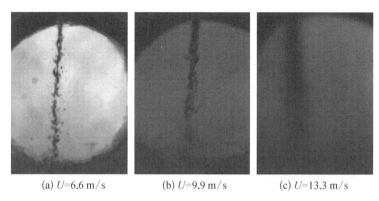

(a) U=6.6 m/s　　　　　(b) U=9.9 m/s　　　　　(c) U=13.3 m/s

图 5 - 11　不同喷射速度下的跨临界喷射形态(p_{env} = 2.4 MPa，T_{env} = 465℃)

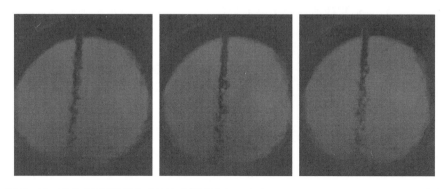

图 5 - 12　跨临界喷射不同时刻的喷射形态(U = 9.9 m/s，p_{env} = 2.4 MPa，T_{env} = 465℃)

　　表 5 - 5 是不同环境温度和喷射压力下的跨临界喷射出现"连续雾状"形态时的雷诺数，结果表明：跨临界喷射达到"连续雾状"形态的临界雷诺数的值与喷射压力及环境条件无关，临界雷诺数约为 5 400。只有在环境压力大于 2.0 MPa(p_{inj}/p_c = 0.95)且雷诺数大于该值的情况下才能出现连续雾状形态，即环境压力需接近煤油的临界压力。而在亚临界喷射中未见该形态的出现，这表明"连续雾状"形态极有可能是跨临界喷射所特有的。

表 5-5　跨临界喷射实现"连续雾状"形态的临界雷诺数

p_{env}/MPa	T_{env}/℃	Δp/MPa	U/(m/s)	Re
2.4	350	0.4	13.2	5 385.6
2.4	465	0.4	13.3	5 426.4
2.4	385	0.4	13.2	5 385.6
2.6	350	0.4	13.1	5 344.8
2.8	465	0.4	13.1	5 344.8
2.2	350	0.4	13.2	5 385.6
2	350	0.4	13.3	5 426.4
1.95	350	—	—	—
1.95	465	—	—	—

5.2.3　射流破碎长度研究

破碎长度[11]对于液态流体的喷射是一个很重要的宏观物理量。有研究[12]表明,对亚临界喷射而言,轴对称的小扰动振幅会随初始值的增加呈指数上升的趋势(速率为 q_{max}),直到它的值达到了喷嘴半径 r_0, t_b 是射流喷出至破碎所需的时间,可以得到下式:

$$r_0 = \delta_0 \exp(q_{max} t_b) \tag{5-1}$$

则有

$$t_b = \frac{\ln(d/2\delta_0)}{q_{max}} \tag{5-2}$$

式中,d 为喷嘴直径。同时 t_b 满足以下关系:

$$t_b = \frac{L}{U} \tag{5-3}$$

式中,L 为破碎长度;U 为喷射速度。指数速率 q_{max} 则可以由下式得出:

$$q_{max} = 0.97 \left(\frac{\sigma}{\rho_L d^3} \right)^{0.5} \tag{5-4}$$

式中,σ 为表面张力;ρ_L 为喷射液体的密度,联立上式,可以得出以下关系:

$$L = 1.03 dWe^{0.5} \ln(d/2\delta_0) \tag{5-5}$$

式中，We 为韦伯数，其值为

$$We = U^2 \left(\frac{\rho_L d}{\sigma} \right) \tag{5-6}$$

式(5-6)可以针对惯性力和表面张力驱动的液态喷射破碎长度进行预测。考虑与空气的摩擦力之后，可将上式改写为式(5-7)的形式：

$$L = dWe^{0.5}(1 + 3Oh) \ln\left(\frac{d}{2\delta_0} \right) \tag{5-7}$$

式中，Oh 为奥内佐格数[11]，可用下式求出：

$$Oh = (\mu_L / \sqrt{\rho_L \sigma d}) \tag{5-8}$$

式中，μ_L 为喷射流体的黏性系数。表面张力的值可查参考文献[12]得到，取值 25.26×10^{-3} N/m。

上述破碎长度的估算方法是针对 Rayleigh 喷射破碎的，而针对两种旋流引导破碎形式，则可以采用下式[13]对破碎长度进行估算：

$$L = 8.51 dWe^{0.32} \tag{5-9}$$

试验破碎长度值通过对同一工况下一段时间（10 ms，对应 60 张图片）内射流的破碎长度计算均值得出。破碎长度的定义如图 5-13 所示，即喷嘴出口平面至射流形态出现明显间断位置间的距离。

图 5-14 和图 5-15 是采用式(5-7)计算所得的亚/跨临界破碎长度与试验值的对比图，图中横坐标取式(5-7)右侧中除 d 外所有的非常数项。计算过程中，$\ln(d/2\delta_0)$ 参照 Webber 给出的值 12 和 Grant 给出的值 13.4，取平均值 12.5，得到与试验结果非常吻合的亚临界喷射破碎长度。由图 5-15 可知，跨临界喷射下的试验值比经验公式计算值要低，特别是喷射处于 Rayleigh 破碎

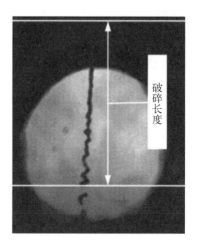

图 5-13　喷射破碎长度

形态时，并且环境温度越高，喷射破碎长度值越低。跨临界喷射中，由于射流表面张力和其他物性参数（密度、黏性）对环境温度的变化十分敏感，因此环境温度对射流破碎长度的影响不可忽略。对比图 5-14 和图 5-15 中计算结果与实验结果的差异可知，当环境进入超临界态时，传统的经验公式已无法准确预测破

碎长度,因此有必要在式(5-7)中引入与温度相关的修正参数,提高预测的准确性。

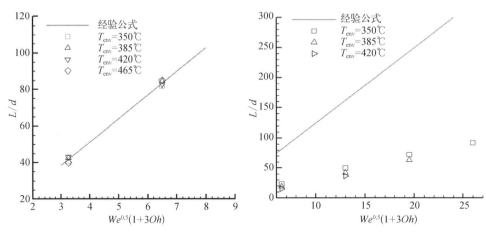

图 5-14 亚临界射流破碎长度　　图 5-15 跨临界喷射 Rayleigh 破碎长度

由式(5-2)可知,$\ln(d/2\delta_0)$ 主要表征的是射流破碎的快慢,破碎时间越短,$\ln(d/2\delta_0)$ 值越小,同时破碎长度越小。式(5-7)中,除 $\ln(d/2\delta_0)$ 之外,其他物理量都是由射流的初始状态所决定的,主要体现流速对破碎长度的影响,与环境热力学条件无关。结合相关研究[14-16],发现跨临界喷射过程中,环境温度的影响不可忽略,且由图 5-15 可知,随温度升高破碎长度逐渐减小,其实质是由于环境温度的升高加剧了射流破碎的强度。

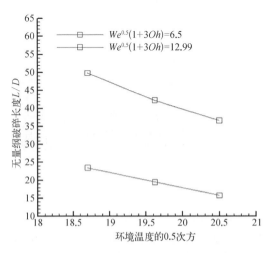

图 5-16 跨临界喷射破碎长度与环境
温度的关系(Rayleigh 破碎)

图 5-16 是跨临界喷射破碎长度和温度之间的关系图,从图中可以看出,破碎长度与环境温度 $T_{env}^{1/2}$ 是线性关系。因此,考虑环境温度对前文中破碎时间的影响,在试验数据基础上,引入无量纲的温度影响因子 T_r(环境温度与煤油临界温度的比值),对式(5-7)进行修正,通过拟合之后,得出了航空煤油跨临界喷射(煤油温度 23℃)的喷射破碎长度(Rayleigh 破碎)经验公式:

$$L = dWe^{0.5}(1+3Oh)(12.5-8.87T_r^{0.5})$$
$$(5-10)$$

式中,T_r 为无量纲温度影响因子,它表示环境温度对喷射破碎时间的影响,T_r 越大,破碎时间越短。

5.3　超临界航空煤油跨临界喷射特性研究

未来航空发动机中,燃油可被用作冷却工质,使得燃油喷射前会达到超临界状态,而发动机工况是多变的,因此在发动机的工作包线内会出现超临界燃料喷射至亚临界环境的工况。超临界态的航空煤油在喷射进入亚临界环境时存在相变过程,一方面相变会为射流喷射过程参数的测量带来困难;另一方面这种相变过程会导致此类喷射出现独特的射流形态。因此,对超临界航空煤油跨临界射流喷射扩张角、冷凝距离及卷吸边界层进行研究,有助于了解喷射特性参数对超临界喷射过程的影响机制,同时为工程应用提供理论指导。以下试验中环境温度和压力为大气环境。

5.3.1　射流喷射扩张角研究

喷射扩张角是喷射雾化质量评价参数之一,对燃烧过程有重要的影响,喷射扩张角过大表明喷雾较松散,油滴可能会穿出湍流最强的气流区域而造成混合不良,导致燃烧效率降低,而且过大的喷雾角会使燃油喷射到壁面上造成结焦或积炭,这将导致燃烧室壁面的传热恶化;喷雾角过小则表明喷雾较紧密,会使油滴在燃烧室内分布不均匀,同样会造成油气混合不良,导致燃烧效率下降。在工程应用中,喷射扩张角的选取要参考燃烧室的具体尺寸,二者相互匹配才能确保获得较高的燃烧效率[17],因此研究航空煤油喷射温度和喷射压力对其喷射扩张角的影响规律具有重要的工程意义。

不同的文献对于喷射扩张角和喷射长度有着不同的定义方式[13, 18-20],鉴于超临界航空煤油喷射纹影图像的特点(煤油射流边界与环境气体之间存在明显边界),喷射扩张角定义采用了与参考文献[7]中相同的定义方式,即喷射纹影图像(图 5-17)中喷射流体与环境气体分界面的夹角。

图 5-18 表示的是在相同的环境温度和压力下,喷射压力及喷射温度对超临界航空煤油跨临界喷射扩张角的影响。从图 5-18(a)中可以看出,在相同的喷射温度和环境压力下,喷射扩张角随喷射压力的上升而增大,但增大的幅度很小。随着喷射压力的增大,一方面由于密度与压差的增大造成煤油射流的动量增大,穿透性增强,导致喷射扩张角增大;另一方面运动黏度增大使得喷射动量相应减小,一定程度上抑制了喷射扩张角的增大,以上两方面原因共同作用,造成了射流扩张角随喷射压力的缓慢上升。对小分子纯净物的研究[21-23]表明密度比(环境气体密度/喷射流体密度)是影响超临界/跨临界喷射扩张角的主要因素,Chehroudi 等[18]给出的喷射扩张角的通用表达式如式(5-11)所示,式中 a、b 是常系数,其取值与

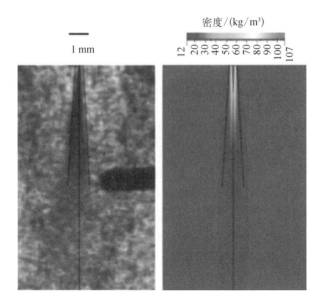

图 5 - 17　喷射扩张角示意图[8]

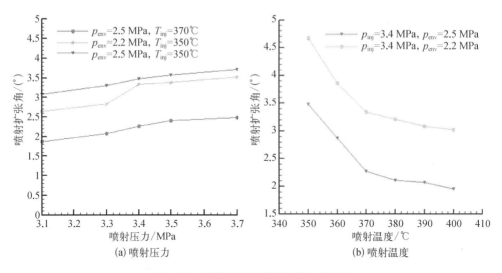

(a) 喷射压力　　　　　　　　(b) 喷射温度

图 5 - 18　喷射扩张角随喷射参数的变化

流体种类及喷嘴几何参数有关。喷射压力的增大使得射流的密度增大,此时密度比的减小理论上会造成喷射扩张角减小,但由于超临界航空煤油密度远大于氮气射流,数量差超过一个量级,因此密度比的影响极其微弱。从式(5-11)中可以看出,对小分子纯净物而言,扩张角主要受密度比影响,动量因素对喷射扩张角几乎没有影响,这是由于小分子纯净物如氮气的密度较航空煤油低得多,因此动量影响可以忽略,而煤油密度大,因此动量因素的影响起主导作用。

$$\tan \theta = a \cdot \left[b + \left(\frac{\rho_\infty}{\rho_0} \right)^{0.5} \right] \tag{5-11}$$

如图 5-18(b) 所示,在相同的喷射压力和环境压力下,射流扩张角与喷射温度呈负相关,且射流扩张角的下降幅度随温度的增大而减小。这是由于随着温度的增大,一方面密度的降低造成动量减小,使得喷射扩张角减小;另一方面黏性的减小使得动量增大,而密度的减小比黏性减小的影响更为显著,因此最终表现为射流扩张角随煤油温度的上升而减小。

图 5-19(a) 展示了喷射压力 3.4 MPa,不同喷射温度下喷射扩张角随环境压力的变化;图 5-19(b) 为喷射温度 370℃,不同喷射压力下喷射扩张角随环境压力的变化。可以看出,在相同的喷射条件下,在环境压力大于 3.0 MPa 及小于 2.5 MPa 的区间内,扩张角随着环境压力的增大喷射逐渐减小,这与射流扩张角随喷射压力变化的趋势类似,同样是由于动量增大造成的。而在环境压力 2.5～3.0 MPa 的这个区间内,喷射扩张角随环境压力的增大呈先增大后减小的趋势,在 2.8 MPa 左右达到最大值,且这一压力值附近的变化较为剧烈。在全部试验工况下均观察到了这一变化趋势,推测这是由临界点附近物性变化的特殊性所致。临界压力附近的煤油密度随温度的变化极其敏感,且越靠近临界点,这一变化越剧烈,代表着此时射流有着较大的密度梯度,且密度梯度大的区域更为宽广。

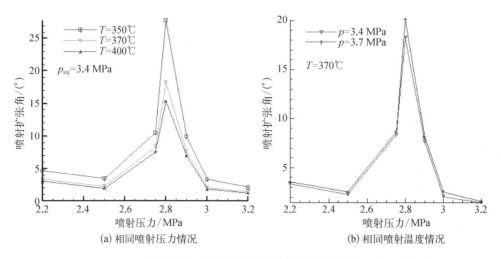

图 5-19　环境压力与喷射扩张角的关系

射流扩张角随煤油供给参数及环境压力变化的试验结果表明:当环境压力远高于或远低于临界压力的情况下,由于超临界航空煤油密度较大,密度随供给参数变化造成的动量变化量远大于小分子射流,此时影响超临界航空煤油射流扩张角的主要因素是动量因素;此时由于航空煤油密度较大,密度比的变化对喷射扩张角的影响不再显著。而当环境压力处于临界点附近的区间时(试验中为 2.5~3.0 MPa),射流扩张角会因为物性的急剧变化而剧烈增大后再减小,呈现"尖峰状态"。

5.3.2 冷凝距离研究

在超临界航空煤油跨临界射流喷射扩张角的研究基础上,本节进一步开展了对射流冷凝距离的研究。由图 5 - 20 可知,随着超临界航空煤油射流温度的提升,航空煤油的喷雾结构从完整锥形结构逐渐演变为一个尖端缺失且表面不规则的锥形结构,最终变化为只能看到少量絮状航空煤油的喷雾结构。

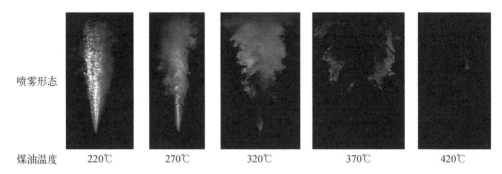

喷雾形态				
煤油温度	220℃	270℃	320℃	370℃	420℃

图 5 - 20 喷射压力为 3.5 MPa 时不同入射温度下超临界航空煤油射流 Mie 散射图像

随着煤油温度的提升,其过热度不断提高,导致煤油离开喷嘴后发生闪蒸变为气相航空煤油,随后在向下游运动的同时不断与周围冷空气进行热量交换,最终在某一位置处汽化的航空煤油又重新冷凝成雾状。为分析这一过程,定义从喷嘴出口平面到航空煤油开始冷凝位置的垂直距离为冷凝距离,记为 L。利用图像处理方法进行冷凝距离 L 的定量分析。首先,选取某一工况下所拍摄的 2 000 张超临界航空煤油射流的 Mie 散射图片,采用自编程算法获取 Mie 散射图像中射流喷雾的可视化信号,然后计算从喷嘴出口到该可视化边界的垂直距离,作为航空煤油喷射过程中的冷凝距离,如图 5 - 21 所示。这一方法考虑了一定时间范围内的时均信息,可以更有效地描述航空煤油的射流形态。

图 5 - 22(a)显示的是不同喷射压力下航空煤油喷射雾化冷凝距离随喷射温度的变化规律,可见随着喷射温度

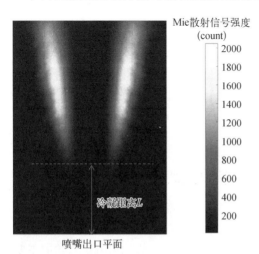

图 5 - 21 航空煤油喷射雾化冷凝距离的定义

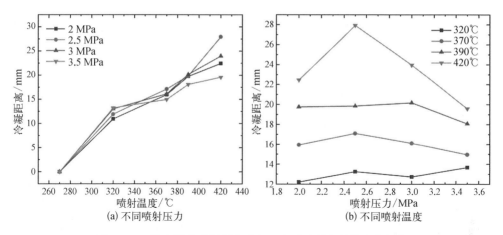

图 5 - 22 航空煤油喷射雾化冷凝距离随喷射参数的变化规律

的上升,不同喷射压力下的航空煤油的冷凝距离也逐渐增大,造成这一趋势的原因在于提高喷嘴前的煤油温度时,其射流的平均温度也相应上升,使得其须与周围冷空气进行更长距离的热量交换后才能从气态冷凝回液态,最终表现为冷凝距离的增大。

图 5 - 22(b)为不同喷射温度下航空煤油喷射雾化冷凝距离随喷射压力的变化规律,由于当航空煤油喷射前的温度为 270℃ 时,其表现为连续的喷雾形态,不存在冷凝距离这一特征,因此只对喷射温度为 320℃、370℃、390℃ 和 420℃ 时的冷凝距离进行分析对比。冷凝距离随喷射压力上升而先增大后减小的原因是当喷射压力较低时,航空煤油的射流速度较低,在近似相同的冷凝时间内射流运动距离较近,冷凝距离也随之减小;随着喷射压力的增大,其轴向速度逐渐上升,冷凝距离也随之增大。然而喷射速度增大也会加速航空煤油射流与周围冷空气的换热,促进射流冷凝,当这一加速冷凝的效果强于延缓冷凝的效果后,射流冷凝距离便开始随速度增大而减小。

5.3.3 卷吸边界层研究

超临界航空煤油跨临界射流冷凝后形成雾化品质极高的煤油喷雾。图 5 - 23 为喷射温度为 320℃ 的航空煤油 Mie 散射图像,由图可知在此温度下的喷雾边缘极不规则,该形态出现的原因为当射流自喷嘴射出后会与周围静止流体间形成速度差较大的间断面,这一流体间断面是不稳定的,导致射流边缘产生波动,从而形成图中的"钩状结构"。

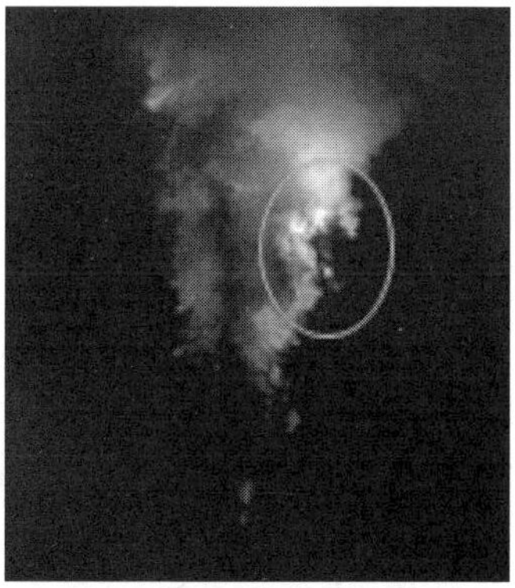

图 5 - 24 为喷射压力 2.0 MPa,喷射温度 320℃ 时的喷射雾化随时间发展的图像,从图中 $t_1 \sim t_8$ 的连

图 5 - 23 入射压力为 2 MPa,入射温度为 320℃ 时的射流 Mie 散射图像

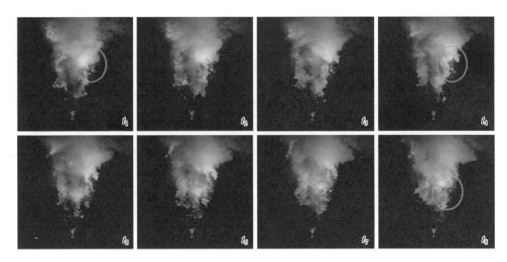

图 5 - 24　超临界航空煤油喷射中"钩状结构"随时间的发展过程

续形态变化可以看出某一"钩状结构"的发展过程。

t_1 时刻中喷雾边缘出现凸起和凹陷部分,随着喷雾向下游运动的同时,凸起和凹陷部分进一步发展,凸起部分变得越来越明显,而后形成 t_4 时刻的"钩状结构",凹陷结构则继续向喷雾中心靠拢,致使二者之间形成一个空白区域,随后"钩状结构"进一步发展并逐渐向凹陷结构靠近,空白区域逐渐缩小,最后在下游某个区域处二者合并在一起向下游运动,"钩状结构"消失,而新生的"钩状结构"则会继续形成和发展,如图 5 - 24 中的 t_1 时刻所示。这些"钩状结构"类似于湍流射流中的剪切涡,对射流的发展有着重要的影响:其促进了中心射流与环境空气间的物质与能量交换,一方面使得与射流一起运动的流体不断增多,喷雾边界逐渐向两侧发展,另一方面通过卷吸作用将周围空气吸入射流中有利于航空煤油与空气的混合。

"钩状结构"可通过变形、卷吸和合并等一系列物理过程对射流喷雾和周围静止流体之间的能量传递、动量输运以及掺混产生直接作用,不仅影响射流形态的发展,还会影响燃烧过程。射流卷吸能力对燃烧过程的影响于后续第 7 章中有所介绍。

为了能够定量分析"钩状结构"对喷射雾化的影响,如图 5 - 25 所示根据 Mie 散射图像的后处理结果定义卷吸边界层:首先选取某一工况下所拍摄的航空煤油喷射图片 2 000 张,选用喷射开始前的最后一张图像作为背景图像,再使用喷射过程中的每张图像减去背景图像,获得 Mie 散射信号的灰度图;使用自编程算法求取灰度值(表征煤油浓度分布)最高的等值线,将其视为射流核心边界,计算该等值线与喷嘴出口的夹角 β,最后将喷射扩张角与此夹角的差值作为卷吸边界层大小的度量,记为 $\gamma = \alpha - \beta$。

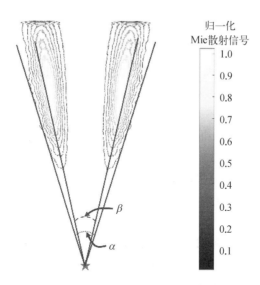

图 5‑25　航空煤油卷吸边界层的定义

　　图 5‑26 为航空煤油喷射雾化的卷吸边界层随喷射压力的变化规律图,从图中可以看出,随着喷射压力的提升,航空煤油的卷吸层角度逐渐减小。以喷射温度为 320℃ 为例,当喷射压力为 2.0 MPa 时,其卷吸层角度为 27°,喷射压力提高至2.5 MPa 时,卷吸层角度减小至 17°,相比减小了 37%,说明喷射压力对卷吸层角度有较大的影响,随着喷射压力提高至 3.5 MPa 时,卷吸层角度减小至 14°。这与喷射压力增大导致的航空煤油喷射速度的增大有关,在一定过热度下,航空煤油喷射

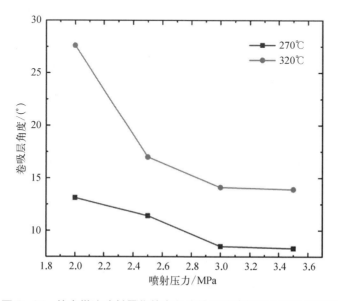

图 5‑26　航空煤油喷射雾化的卷吸边界层随喷射压力的变化规律

过程中会有气泡形成,这些气泡既有径向速度又有轴向速度,轴向速度使射流向下游发展运动,而径向速度则使射流向周围扩展形成锥形喷雾形状和"钩状结构",但是随着喷射压力的增大,航空煤油的轴向速度增大而径向速度减小,最终使卷吸边界层角度减小。

5.4   超临界航空煤油同轴喷射与掺混特性研究

本节在前期对直射式喷嘴的研究基础之上,进行了超临界航空煤油同轴喷射和掺混特性研究,掺混介质为氮气。喷射环境为常温常压环境。

5.4.1   超临界航空煤油同轴喷射的近喷嘴激波结构

为了提高掺混效率,同时消除喷嘴的壁面效应,试验中将燃油喷嘴向内缩进1 mm,采用缩进式同轴喷嘴进行了同轴喷射试验,喷嘴结构如图 5-27 所示。本研究重点关注了超临界/亚临界液态燃油与氮气同轴喷射射流的区别,试验中超临界煤油的喷射压力为 3.0 MPa、射流温度为 440℃、掺混射流压力为 1.0 MPa、射流温度为 20℃。进行对比的液态煤油喷射压力为 3.0 MPa,射流温度为 20℃。

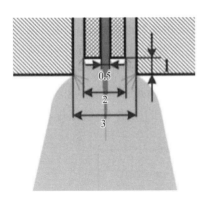

图 5-27   缩进式同轴喷嘴的结构形式(单位: mm)

两种射流的阴影图像如图 5-28(a)、(b)所示。可以发现,超临界煤油与氮气同轴喷射后出现闪蒸,射流形成了类似于气体单孔欠膨胀射流的近场"钟"型马赫盘结构,马赫盘周围与激波耦合的气动间断面附近煤油物性由于急剧变化,形成了局部冷凝。而液态煤油的同轴喷射射流则形成了雾状锥型射流,与超临界煤油同轴喷射形成的射流形态截然不同。

将相同喷嘴形式下的氮气/氮气的气态同轴掺混试验阴影图作为对比,如图5-28(c)所示。中心喷嘴的氮气喷射压力与超临界煤油喷射设置相同,为3.0 MPa,喷射温度为20℃。气态掺混时,射流结构受喷嘴出口膨胀波和反射激波交叉衍射的影响,呈现出杂乱的"菱形"波系结构,与超临界同轴喷射射流显著不同。

结合试验现象,可认为超临界煤油同轴喷射和掺混时形成的特有射流形态与超临界煤油的类气体性质有关,加之超临界煤油的密度和动量远高于氮气射流,闪蒸后能够像气体一样快速流动和迁移,从而彻底改变了射流形态。但是,超临界煤油掺混射流又同气体欠膨胀射流不同,其会在激波间断面附近环境参数骤变区域

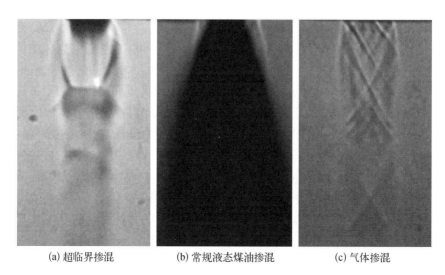

（a）超临界掺混　　　　　（b）常规液态煤油掺混　　　　　（c）气体掺混

图 5-28　超临界煤油与氮气同轴喷射和掺混射流阴影图对比

形成冷凝,相变和冷凝过程带来熵增,气态射流分析中用到的准等熵膨胀理论已不再适用,必须结合物性、相变和焓值分布等理论综合分析。

5.4.2　超临界煤油同轴掺混射流冷凝距离和射流扩张角的变化规律

本节对超临界燃油的同轴喷射和掺混射流的近场射流结构、喷射扩张角和射流冷凝特性进行了研究。对射流的阴影图像以灰度最大值的 50% 为阈值进行后处理,如图 5-29 所示,以便定量分析其射流扩张角和射流的冷凝距离。

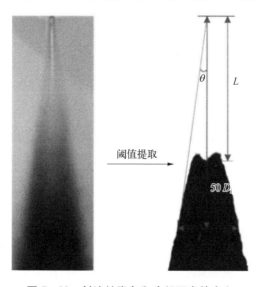

图 5-29　射流扩张角和冷凝距离的定义

当喷射压力为 3.0 MPa 时,不同温度的超临界煤油同轴喷射和掺混射流的近场射流结构如图 5-30 所示。由图可知,煤油温度为 380℃时的近场射流结构与其他温度下差异显著,这主要是由于煤油温度接近临界温度时物性变化敏感,射流出口的扰动会带来物性的急剧变化,产生相变熵增,使得其近场射流结构不再符合气体单孔欠膨胀射流结构,近场射流宽度稍有增加。不同温度掺混射流的阴影图像经提取后的结果如图 5-31 所示,图中随着煤油温度的升高,射流冷凝距离增大,但射流扩张角却逐渐减小。参照图 5-32,可以看出射流冷凝距离随煤油温度近似呈线性上升趋势,这是由于超临界煤油的比热容和喷射动量均远大于掺混气流,射流的冷凝过程由超临界煤油射流主导,受掺混气流的影响较小,使得更高煤油温度的掺混射流具有更大的冷凝距离。而射流扩张角随煤油温度升高呈线性下降趋势,这与温度升高导致的超临界煤油喷射流量下降有关。

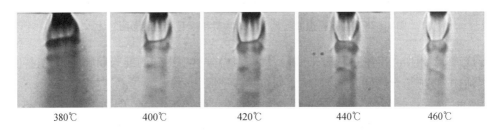

图 5-30　不同超临界煤油温度掺混射流的近场射流形态

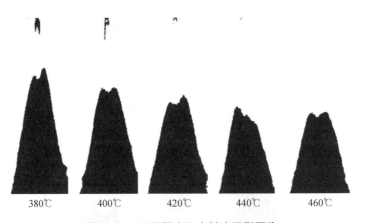

图 5-31　不同煤油温度射流阴影图像

图 5-33 是采用热成像仪测量得到的喷射压力 3.0 MPa,喷射温度 460℃下的超临界煤油/氮气同轴喷射与无掺混氮气下超临界煤油喷射的温度场分布对比,可以看出,环形掺混气流的存在显著压缩了超临界煤油射流的高温区长度和宽度,但射流中心区域受掺混气流的影响弱于外围,这是超临界煤油的动量远大于掺混气体动量所致。

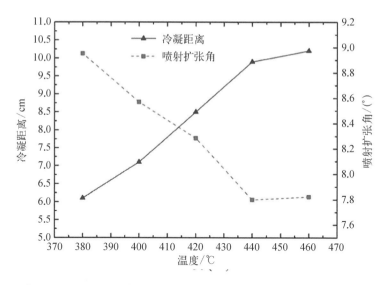

图 5-32　射流的冷凝距离和扩张角随煤油温度的变化曲线

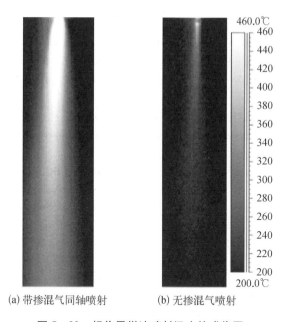

(a) 带掺混气同轴喷射　　(b) 无掺混气喷射

图 5-33　超临界煤油喷射温度热成像图

图 5-34 是超临界射流同轴喷射在有/无掺混气的工况下中心轴线上的温度分布对比,由图可知,射流掺混前轴线上的温度呈近似线性降低,而掺混后的射流轴线温度却在喷嘴出口较短距离内快速降低至喷射温度的 1/2,之后温度降低的速度减慢。由此说明,超临界煤油同轴喷射和掺混过程在约 15 倍的喷嘴外环直径(约 45 mm)内完成。

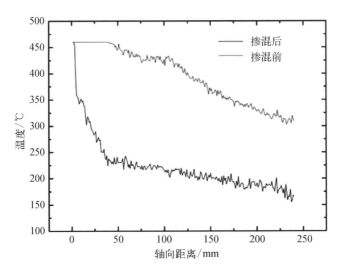

图 5‐34　超临界射流有无掺混时轴线上的温度分布对比

参考文献

[1]　Kitamura Y, Morimitsu H, Takahashi T. Critical superheat for flashing of superheated liquid jets[J]. Industrial and Engineering Chemistry Fundamentals, 1986, 25(2): 206‐211.

[2]　孙昕,贵忠,贾光明,等.基于米氏散射理论的激光粒度仪的介绍[J].现代科学仪器,2004(5): 3.

[3]　刘济瀛.中国喷气燃料[M].北京: 中国石化出版社,1991.

[4]　Barata J, Silva A. Numerical study of cryogenic jets under supercritical conditions[J]. Journal of Propulsion and Power, 2003, 19(1): 142‐147.

[5]　Lefebvre A H. Atomization and sprays[M]. Boca Raton: CRC Press, 1988.

[6]　Davis D, Chehroudi B, Sorenson I. Measurements in an acoustically driven coaxial jet under supercritical conditions[C]. Reno: 43rd AIAA Aerospace Sciences Meeting and Exhibit, 2005.

[7]　Reitz R D. Atomization and other breakup regimes of a liquid jet[D]. Princeton: Princeton University, 1978.

[8]　Shuai S, Wei F, Zhou Z, et al. Experimental study on supercritical/subcritical injection characteristics of RP‐3 aviation kerosene[C]. Xiamen: 21st AIAA International Space Planes and Hypersonics Technologies Conference, 2017.

[9]　张淼.直喷汽油机多孔喷油器亚/超临界喷雾特性的试验研究[D].天津: 天津大学. 2016.

[10]　Riess S, Rezaei J, Weiss L, et al. Phase change in fuel sprays at diesel engine ambient conditions: Modelling and experimental validation[J]. Journal of Supercritical Fluids, 2021, 173: 105224.

[11]　靳乐,范玮,范珍涔,等.超临界喷射受环境和喷射参数影响的数值研究[J].航空动力学报,2014,29(6): 7.

[12]　周养群. 中国油品及石油精细化学品手册[M]. 北京：化学工业出版社,2000.

[13]　Lu H, Ruiz F. Effect of cavitation on flow and turbulence in plain orifices for high-speed atomization[J]. Atomization and Sprays, 1995, 5(6)：569-584.

[14]　美国国家标准与技术研究院. 美国国家标准与技术研究院数据库[EB/OL]. [2022-10-01]. http：//webbook. nist. gov/.

[15]　Wiest H K. , Heister S D. Experimental study of gas turbine combustion with elevated fuel temperatures[J]. Journal of Engineering for Gas Turbines and Power, 2014, 136(12)：121507.

[16]　Song H, Wei F, Fan Z, et al. Experimental study on transcritical spray of liquid aviation kerosene[J]. Atomization and Sprays, 2013, 23(7)：605-621.

[17]　张群, 黄希桥. 航空发动机燃烧学[M]. 北京：国防工业出版社,2015.

[18]　Chehroudi B, Talley D, Coy E. Visual characteristics and initial growth rates of round cryogenic jets at subcritical and supercritical pressures[J]. Physics of Fluids, 2002, 14(2)：850-861.

[19]　吴胜奇. 喷嘴结构对孔内过热流体及闪沸喷雾特性影响的研究[D]. 上海：上海交通大学,2017.

[20]　Doungthip T, Ervin J S, Williams T F, et al. Studies of injection of jet fuel at supercritical conditions[J]. Industrial and Engineering Chemistry Research, 2002, 41(23)：5856-5866.

[21]　Talley B. Cryogenic shear layers：Experiments and phenomenological modeling of the initial growth rate under subcritical and supercritical conditions[J]. International Journal of Heat and Fluid Flow, 2002,23(5)：554-563.

[22]　Zong N, Yang V. Cryogenic fluid jets and mixing layers in transcritical and supercritical environments[J]. Combustion Science and Technology, 2006, 178(1)：193-227.

[23]　童景山. 流体热物性学：基本理论与计算[M]. 北京：中国石化出版社,2008.

第6章
超临界燃料喷射与燃烧的数值仿真研究

为增进对超临界燃料喷射与燃烧规律的了解,本章首先建立超临界喷射模型,对超临界燃油在超临界氮气环境中的喷射特性和射流特征开展数值模拟研究,研究了在恒定喷射流量的工况下,环境参数和喷射参数对射流长度、射流扩张角和射流液核尺寸的影响;然后从热力学的非理想性和湍流-热力学的相互作用方面,研究了伪沸腾现象对跨、超临界射流特性的影响;最后,讨论了现阶段超临界燃烧数值模拟的难点所在,介绍了几种可用于超临界燃烧计算的湍流燃烧模型。

6.1 超临界喷射模型

为了与进行数值仿真研究的物理模型相匹配,采用如下二维轴对称的两相流控制方程[1,2]。

6.1.1 控制方程

非定常、轴对称流场的控制方程如下。

1)连续方程

$$\frac{\partial \rho}{\partial t} + \frac{1}{r}\frac{\partial(\rho r u_r)}{r} + \frac{\partial(\rho u_z)}{\partial z} = 0 \tag{6-1}$$

式中,控制单元的密度与黏性系数均为环境气体与燃油的体积分数平均,即

$$\rho = \gamma_g \rho_g + \gamma_f \rho_f \tag{6-2}$$

式中,γ 为体积分数;下标 g、f 分别代表环境气体与燃油。

2)动量方程

(1)轴向(喷射方向):

$$\rho\left(\frac{\partial u_z}{\partial t} + u_r \frac{\partial u_r}{\partial r} + u_z \frac{\partial u_z}{\partial z}\right) = \rho g_z + \frac{1}{r}\left[\frac{\partial(r\pi_{rz})}{\partial r} + \frac{\partial(r\pi_{zz})}{\partial z}\right] \tag{6-3}$$

（2）径向：

$$\rho\left(\frac{\partial u_r}{\partial t} + u_r \frac{\partial u_r}{\partial r} + u_z \frac{\partial u_r}{\partial z}\right) = \rho g_r + \frac{1}{r}\left[\frac{\partial(r\pi_{rr})}{\partial r} + \frac{\partial(r\pi_{zr})}{\partial z}\right] \quad (6-4)$$

式中，g_r、g_z 分别为单位质量力在 r 方向与 z 方向上的分量大小，本章中 $g_r = -g$，$g_z = 0$。

应力与应变变化率的关系满足：

$$\pi_{rr} = -p - \frac{2}{3}\mu\nabla\cdot u + 2\mu\frac{\partial u_r}{\partial r} \quad (6-5)$$

$$\pi_{zz} = -p - \frac{2}{3}\mu\nabla\cdot u + 2\mu\frac{\partial u_z}{\partial z} \quad (6-6)$$

$$\pi_{zr} = \mu\left(\frac{\partial u_r}{\partial z} + \frac{\partial u_z}{\partial r}\right) \quad (6-7)$$

速度矢量的散度为

$$\nabla\cdot u = \frac{1}{r}\frac{\partial(ru_r)}{\partial r} + \frac{\partial u_z}{\partial z} \quad (6-8)$$

混合物黏性系数按组分体积平均得

$$\mu = \gamma_g\mu_g + \gamma_f\mu_f \quad (6-9)$$

湍流模型采用 $k-\varepsilon$ 模型，经变形后的动量方程分别如下所示。喷射方向动量方程：

$$\begin{cases} \dfrac{\partial\rho u_z}{\partial t} + \dfrac{\partial\rho u_z u_z}{\partial z} + \dfrac{\partial\rho u_z u_r}{\partial r} + \dfrac{\rho u_z u_r}{r} = \dfrac{\partial}{\partial z}\left(\Gamma^z\dfrac{\partial u_z}{\partial z}\right) + \dfrac{\partial}{\partial r}\left(\Gamma^z\dfrac{\partial u_z}{\partial r}\right) + \dfrac{\Gamma^z}{r}\dfrac{\partial u_z}{\partial r} + S^z \\[4mm] S^z = -\dfrac{\partial p}{\partial z} + \dfrac{\partial}{\partial z}\left(\Gamma^z\dfrac{\partial u_z}{\partial z}\right) + \dfrac{\partial}{\partial r}\left(\Gamma^z\dfrac{\partial u_z}{\partial z}\right) + \dfrac{\Gamma^u}{r}\dfrac{\partial u_z}{\partial z} + \rho g \end{cases}$$

$$(6-10)$$

径向动量方程：

$$\begin{cases} \dfrac{\partial\rho u_r}{\partial t} + \dfrac{\partial\rho u_z u_r}{\partial z} + \dfrac{\partial\rho u_r u_r}{\partial r} + \dfrac{\rho u_r u_r}{r} = \dfrac{\partial}{\partial z}\left(\Gamma^r\dfrac{\partial u_r}{\partial z}\right) + \dfrac{\partial}{\partial r}\left(\Gamma^v\dfrac{\partial u_r}{\partial r}\right) + \dfrac{\Gamma^v}{r}\dfrac{\partial u_r}{\partial r} + S^v \\[4mm] S^r = -\dfrac{\partial p}{\partial r} + \dfrac{\partial}{\partial r}\left(\Gamma^r\dfrac{\partial u_z}{\partial r}\right) + \dfrac{\partial}{\partial r}\left(\Gamma^v\dfrac{\partial u_r}{\partial r}\right) + \dfrac{\Gamma^v}{r}\dfrac{\partial u_r}{\partial r} - 2\Gamma^v\dfrac{u_r}{r^2} \end{cases}$$

$$(6-11)$$

动量方程扩散系数由层流黏性系数与湍流黏性系数之和组成,即

$$\Gamma^z = \Gamma^r = \mu + \mu_t \tag{6-12}$$

$$\mu_t = C_\mu \rho k^2 / \varepsilon \tag{6-13}$$

式中,系数 C_μ 在湍流模型中取值 $0.09^{[3]}$。

3) 能量方程

用焓表示的能量方程如下:

$$\frac{\partial \rho h}{\partial t} + \frac{\partial \rho u_z h}{\partial z} + \frac{\partial \rho u_r h}{\partial r} + \frac{\rho u_r h}{r} = \frac{\partial}{\partial z}\left(\Gamma^k \frac{\partial k}{\partial z}\right) + \frac{\partial}{\partial r}\left(\Gamma^h \frac{\partial h}{\partial r}\right) + \frac{\Gamma^h}{r}\frac{\partial h}{\partial r} + S^h \tag{6-14}$$

焓与内能的关系式:

$$h = e + \frac{p}{\rho} \tag{6-15}$$

焓扩散系数:

$$\Gamma^h = \frac{\lambda}{c_p} + \frac{\mu_t}{\sigma_\varepsilon} \tag{6-16}$$

控制单元混合物导热系数:

$$\lambda = \gamma_g \lambda_g + \gamma_f \lambda_f \tag{6-17}$$

式中,常数系数 $\sigma_k = 1$; $\sigma_\varepsilon = 1.3^{[3]}$。焓方程中 S^h 代表热源,当不涉及燃烧时,$S^h = 0$。

4) 组分输运方程

化学组分守恒方程:

$$\frac{\partial \rho_1 Y_1}{\partial t} + \frac{\partial \rho_1 u_z Y_1}{\partial z} + \frac{\partial \rho_1 u_r Y_1}{\partial r} + \frac{\rho_1 u_r Y_1}{r} = \frac{\partial}{\partial z}\left(\Gamma^\gamma \frac{\partial \gamma_1}{\partial z}\right) + \frac{\partial}{\partial r}\left(\Gamma^\gamma \frac{\partial \gamma_1}{\partial z}\right) + \frac{\Gamma^\gamma}{r}\frac{\partial \gamma_1}{\partial r} \tag{6-18}$$

组分方程扩散系数:

$$\Gamma^\gamma = \rho_1 D_i + \frac{\mu_t}{\sigma_\gamma} \tag{6-19}$$

式中, D_i 为组分耗散系数;常数 σ_γ 取值 1。

5）k-ε 模型控制方程

$$\begin{cases}
\dfrac{\partial \rho k}{\partial t} + \dfrac{\partial \rho u_z k}{\partial z} + \dfrac{\partial \rho u_r k}{\partial r} + \dfrac{\rho u_r k}{r} = \dfrac{\partial}{\partial z}\left(\Gamma^k \dfrac{\partial k}{\partial z} \right) + \dfrac{\partial}{\partial r}\left(\Gamma^k \dfrac{\partial k}{\partial r} \right) + \dfrac{\Gamma^k}{r} \dfrac{\partial k}{\partial r} + S^k \\[3mm]
\dfrac{\partial \rho \varepsilon}{\partial t} + \dfrac{\partial \rho u_z \varepsilon}{\partial z} + \dfrac{\partial \rho u_r \varepsilon}{\partial r} + \dfrac{\rho u_r \varepsilon}{r} = \dfrac{\partial}{\partial z}\left(\Gamma^\varepsilon \dfrac{\partial \varepsilon}{\partial z} \right) + \dfrac{\partial}{\partial r}\left(\Gamma^\varepsilon \dfrac{\partial \varepsilon}{\partial r} \right) + \dfrac{\Gamma^\varepsilon}{r} \dfrac{\partial \varepsilon}{\partial r} + S^\varepsilon \\[3mm]
S^k = G - \rho \varepsilon, \; S^\varepsilon = C_1 G \dfrac{\varepsilon}{k} - C_2 \rho \dfrac{\varepsilon^2}{k} \\[3mm]
G = \mu_t \left\{ 2\left[\left(\dfrac{\partial u_z}{\partial z} \right)^2 + \left(\dfrac{\partial u_r}{\partial r} \right)^2 + \left(\dfrac{u_r}{r} \right)^2 \right] + \left(\dfrac{\partial u_r}{\partial z} + \dfrac{\partial u_z}{\partial r} \right)^2 \right\}
\end{cases}$$

$$(6-20)$$

式中，系数 $C_1 = 1.47$，$C_2 = 1.92$。

6.1.2　系数矩阵的预处理

所谓预处理方法就是将动量方程中非定常项的系数矩阵采用一个修正的矩阵代替，使得新的控制方程的特征值在同一个量级上。二维轴对称流动 N-S 方程（连续方程、动量方程、能量方程）可表达成如下一般积分形式：

$$\frac{\partial}{\partial t} \oint Q \mathrm{d}A + \int [F(Q) - G(Q)] \cdot n \mathrm{d}\delta = \oint S(Q) \mathrm{d}A \qquad (6-21)$$

式中，Q 值满足 $Q = \{\rho, \rho u, \rho v, \rho e_0\} = \{\rho, \rho u, \rho v, \rho h_0 - p\}$；$F(Q)$ 为无黏性的矢通量；$G(Q)$ 为黏性项的矢通量；$S(Q)$ 为源项；其中 e_0 与 h_0 分别为单位质量流体的总能量与总焓。

预处理方法首先需要将 Q 的表达形式转换成原始变量 $q = \{\rho, u, v, T\}$ 形式：

$$M \frac{\partial}{\partial t} \oint q \mathrm{d}A + \int [F(Q) - G(Q)] \cdot n \mathrm{d}\delta = \oint S(Q) \mathrm{d}A \qquad (6-22)$$

令雅可比矩阵 $M = \dfrac{\partial Q}{\partial q}$，可得

$$M = \frac{\partial Q}{\partial q} = \begin{bmatrix} \rho_p & 0 & 0 & \rho_T \\ \rho_p u & \rho & 0 & \rho_T w \\ \rho_p v & 0 & \rho & \rho_T v \\ \rho_p h - 1 & \rho u & \rho v & \rho_T h_0 + \rho c_p \end{bmatrix} \qquad (6-23)$$

在局部速度接近于零时，该系数矩阵可能具有奇异性，为了将雅可比矩阵特征

值调整为同一个量级,在预处理中采用一个预处理矩阵 Γ 代替上述矩阵,采用 Weiss[4] 的预处理矩阵:

$$\Gamma = \begin{bmatrix} \theta & 0 & 0 & \rho_T \\ \theta u & \rho & 0 & \rho_T w \\ \theta v & 0 & \rho & \rho_T v \\ \theta h - \delta & \rho u & \rho v & \rho_T h_0 + \rho c_p \end{bmatrix} \qquad (6-24)$$

式中参数满足:

$$\begin{cases} \rho_p = \dfrac{\partial \rho}{\partial p} \Big|_T \\[2mm] \rho_T = \dfrac{\partial \rho}{\partial p} \Big|_p \\[2mm] \theta = \dfrac{1}{U_r^2} - \dfrac{\rho_T}{\rho C_p} \end{cases} \qquad (6-25)$$

式中,U_r 为流动参考速度,其取值方式为

$$U_r = \begin{cases} \varepsilon c, & |u| \leqslant \varepsilon c \\ |u|, & \varepsilon c < |u| \leqslant c \\ c, & |u| > c \end{cases} \qquad (6-26)$$

式中,c 为当地声速,常数 ε 根据文献[4]取值为 10^{-5}。

在有黏性流动中,边界层或者剪切层区域内扩散作用显著,在主流区气体速度很低的情况下,扩散作用甚至强于对流作用。为了减小参考速度与动量扩散速度的差距,使得两者处于一个量级,需要对上述参考速度进行重新约束,保证参考速度相对扩散速度不至于过小,得到以下参考速度计算模型:

$$U_r = \max\left(\frac{\varepsilon_{\mathrm{vis}}(\nu + \nu_t)}{\Delta x}, \ U_{r,\,\mathrm{old}} \right) \qquad (6-27)$$

式中,Δx 为计算网格尺度;系数 $\varepsilon_{\mathrm{vis}}$ 取 0.05[4]。

可以求得变形后方程组的特征值为

$$\lambda\left(\Gamma^{-1} \frac{\partial}{\partial q} F \right) = u, \ u, \ u' + c', \ u' - c' \qquad (6-28)$$

式中参量满足:

$$\begin{cases} c' = \sqrt{\alpha^2 u^2 + U_r^2} \\ u' = u(1 - \alpha) \\ \alpha = (1 - \beta U_r^2)/2 \\ \beta = \left(\rho_p + \dfrac{\rho_T}{\rho c_p} \right) \end{cases} \quad (6-29)$$

式中,β 的计算式为

$$\beta = (\gamma R T)^{-1} = \frac{1}{c^2} \quad (6-30)$$

由其特征值可以看出,当流动速度很低[式(6-26)中 $|u| \leqslant \varepsilon c$ 时,$U_r = \varepsilon c$],$\alpha \approx 0.5$,所有特征值与速度 u 在相同量级上,而当速度超过声速时[式(6-26)中 $|u| > c$ 时,$U_r = c$],$\alpha \approx 0$,特征值为 $u \pm c$。由此可以看出,无论是在低速还是高速流动情况下,预处理方法使得不同特征值的量级一致,即系数矩阵非奇异。

经过预处理之后的方程形式变换成:

$$\Gamma \frac{\partial}{\partial t} \oint q \mathrm{d}A + \int [F(q) - G(q)] \cdot n \mathrm{d}\delta = \oint S(q) \mathrm{d}A \quad (6-31)$$

6.1.3　非定常项的双时间推进法

对于非定常流动,由于采用预处理矩阵 Γ 替代原来的系数矩阵 M 进行求解,会使得非定常方程的解随时间的变化关系失真。为了解决这一问题,采用了双时间迭代方法进行求解。双时间迭代方法即在每个时间段内给定虚拟时间步长,采用预处理方法进行虚拟时间推进,得到该时间点的稳定解,然后再在最外层循环得到真实物理时间所对应的流动的真实非定常解。

$$\frac{\partial}{\partial t} \int Q \mathrm{d}A + \Gamma \frac{\partial}{\partial \tau} \int q \mathrm{d}A + \oint_{cr} [F(q) - G(q)] \cdot n \mathrm{d}\delta = \int S(q) \mathrm{d}A \quad (6-32)$$

式中,t 表示真实时间;时间 τ 为虚拟时间,计算过程中首先通过对虚拟时间进行时间推进,得到某个真实物理时间点上的稳定解,然后进行真实物理时间的推进求解。真实时间的非定常项采用向后差分二阶迎风格式,而虚拟时间的非定常项采用一阶精度后差分格式,即

$$\frac{3Q^{k+1} - 4Q^n + Q^{n-1}}{2\Delta t} + \Gamma M^{-1} \frac{Q^{k+1} - Q^k}{\Delta \tau} = -(\delta F^k - \delta G^k - S^k) = -R^k$$

$$(6-33)$$

上标 n、k 分别为真实时间与虚拟时间的时间步数,因此:

$$\left(\frac{3M}{2\Delta t} + \frac{\Gamma}{\Delta \tau}\right)\Delta q = -\frac{1}{2\Delta t}\left[3Q^k - 4Q^n + 4Q^{n-1}\right] - R^k, \; \Delta q = (q^{k+1} - q^k)$$

$$(6-34)$$

式中对流项、黏性项与源项表示如下：

$$\frac{\partial Q}{\partial t} = \frac{3Q^{k+1} - 4Q^n + Q^{n-1}}{2\Delta t}$$

$$(6-35)$$

$$\Delta Q = (Q^{k+1} - Q^k)\left(\frac{3}{2\Delta t} + \frac{\Gamma M^{-1}}{\Delta \tau}\right)\Delta Q = -\frac{1}{2\Delta t}\left[3Q^k - 4Q^n + 4Q^{n-1}\right] + R^i$$

$$(6-36)$$

$$\left.\frac{\partial q}{\partial \tau}\right|_{t=(n+1)\Delta t} = M^{-1}\frac{Q^{n+1} - Q^n}{\Delta \tau}$$

$$(6-37)$$

因此可得

$$\left[\Gamma + \frac{3}{2}\frac{\Delta \tau}{\Delta t}\frac{\partial W}{\partial Q}\right]\Delta q = -\Delta \tau\left\{R^i + \frac{1}{2\Delta t}\left[3Q^i - 4Q^{n+1} + Q^n\right]\right\}$$

$$(6-38)$$

6.1.4　对流项的 Roe 通量分裂

根据 Roe 差分格式[5]，设矩阵 $A = \Gamma^{-1}\dfrac{\partial F}{\partial Q}$，该矩阵特征值对角阵为

$$\Lambda = \begin{bmatrix} u & & & \\ & u' + c' & & \\ & & u' - c' & \\ & & & u \end{bmatrix}$$

$$(6-39)$$

由此矩阵 A 可以对角化成 $A = R\Lambda L$，L、R 分别为 A 的左右特征向量。

应用 Roe 的 Riemann 逼近方法[5]，每个单元边界上的无黏通量 F 可以表达成：

$$F_{i+1/2,j} = \frac{1}{2}\left[F(q_{\mathrm{L}}) + F(q_{\mathrm{R}})\right] - \frac{1}{2}\Gamma\,|\,A\,|\,(q_{\mathrm{R}} - q_{\mathrm{L}})$$

$$(6-40)$$

由矩阵 A 的对角化得到 $|\,A\,| = R\,|\,\Lambda\,|\,L$。式中，$q_{\mathrm{L}}$ 和 q_{R} 是单元界面上重构后的左右 Riemann 不变量。单元面上的变量向量采用的是多维线性重构方法：

$$q_{\mathrm{f}} = q_{\mathrm{c}} + \nabla q \cdot \Delta \chi$$

$$(6-41)$$

$\Delta \chi$ 为控制单元面中心点到边中心的位移向量，变量梯度采用散度来定义：

$$\nabla q = \frac{1}{V}\sum_{i=1}^{nb}\frac{q + q_i}{2}l_i$$

$$(6-42)$$

式中,l_i 为单元边的长度向量,考虑流动的方向性,定义其方向与边垂直向外;q_j 为单元边 i 相邻的单元面平均变量向量。

6.1.5 超临界物性计算方法与喷射模型耦合

在超临界条件下流体具有显著的真实气体效应,理想气体假设不再成立。文献[6]中指出 Peng - Robinson 状态方程[7]在模拟超临界喷射时能够得到较为精确的结果。

$$p = \frac{RT}{V_{\mathrm{m}} - b} - \frac{a}{V_{\mathrm{m}}^2 + 2bV_{\mathrm{m}} - b^2} \tag{6-43}$$

式中,p 代表压力;V_{m} 代表摩尔体积;R 是通用气体常数。参数 a 和 b 的取值主要取决于物质的临界性质,如表 6-1 所示。其中,p_{c}、T_{c} 分别表示物质的临界压力和温度,T_{r} 表示对比温度,为物质的实际温度和临界温度的比值。f_ω 是一个关于偏心因子 ω 的函数,由式(6-44)求出。

表 6-1 PR 方程中系数的计算方法

a	b
$0.457\,24\,\dfrac{(RT_{\mathrm{c}})^2}{p_{\mathrm{c}}}[1 + f_\omega(1 - \sqrt{T_{\mathrm{r}}})]^2$	$\dfrac{0.077\,80RT_{\mathrm{c}}}{p_{\mathrm{c}}}$

$$f_\omega = 0.374\,64 + 1.542\,26\omega - 0.269\,92\omega^2 \tag{6-44}$$

喷射混合物的物性参数求解必须基于特定的混合规则,采用文献[8]中描述的混合规则。通过第 2 章所述的相对偏差法,联立状态方程求解比定压热容。此外,黏性系数和热传导系数的计算方法也可见第 2 章。

计算了氮气在 4 MPa 和 5 MPa 下的物性参数,如图 6-1 所示。参考数据取自 NIST[9]数据库,如图中的离散点所示,对于氮气密度和比定压热容,PR 状态方程的计算结果与 NIST 数据基本吻合。

由于航空煤油物性规律的复杂性,采用数值方法研究其喷射特性依然存在诸多的数据空缺,通常液态碳氢燃料的超临界喷射过程中无相变发生,可以采用替代燃料法[10,11]来简化数值模拟过程,RP - 3 航空煤油的平均分子式为 $C_{10.623}H_{19.687}$,其临界温度 T_{c} 和临界压力 p_{c} 分别为 654.6 K 和 2.402 MPa。较为接近单组分替代燃料正癸烷($C_{10}H_{22}$)的分子式,正癸烷的临界温度 T_{c} 和临界压力 p_{c} 分别是 617.7 K 和 2.103 MPa。文献[12]和[13]中也曾分别对超临界 RP - 3 航空煤油和正癸烷的喷射特性进行了对比,得到了较为相似的射流形态,表明正癸烷与 RP - 3 航空煤

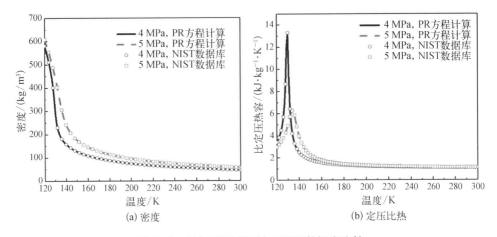

图 6-1   氮气 EOS 模型与 NIST 数据库比较

油的物性比较接近,因此,选用正癸烷作为替代燃料来进行数值模拟并将数值结果与文献[3]的试验数据进行对比。本章选用的物性计算方法所得结果与 NIST 相应试验数据的对比可见第 2 章中的相关内容。

6.2   超临界燃油的喷射特性研究

采用 6.1 节中的模型和方法,本书作者将该数值模型的计算结果与 Dougthip 等[3]的试验结果进行了对比[11],试验误差在可以接受的范围以内。本节采用如图6-2 所示的喷射模型,选取简单喷嘴的直接喷射方式,喷嘴直径为0.254 mm,研究恒定喷射流量下(0.2 g/s)超临界燃油喷入静止超临界氮气环境的射流特征,以及射流形态受环境和喷射参数的影响规律。

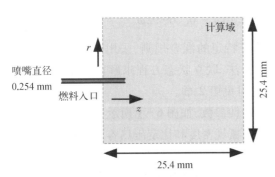

图 6-2   超临界喷射模型示意图

超临界喷射的主要宏观特征量为射流长度和射流扩张角,因此超临界喷射控制规律在宏观上表现为射流长度和射流扩张角的变化规律。这里对超临界射流长度和射流扩张角的定义与文献[3]中保持一致,其中,射流长度定义为喷嘴出口到喷射中心轴线上燃料质量分数为 20% 位置的距离,如图 6-3(a)所示;文献[3]中的射流扩张角定义为出口密度分界面与射流轴心线的夹角,如图 6-3(b)所示;为了便于分析,将距喷嘴出口约 8 倍喷嘴直径处的射流边界与喷嘴唇口连线,通过计算其与射流中轴线夹角的正切值得到射流扩张角的具体数值。其中,射流边界点为距喷嘴出口约 8 倍喷嘴直径处射流截面上的密度转捩点,如图 6 - 3(c)所示。

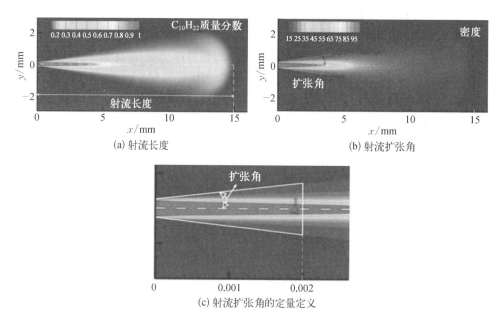

(a) 射流长度　　　　　　　　　　　　　(b) 射流扩张角

(c) 射流扩张角的定量定义

图 6 - 3　超临界射流长度和射流扩张角的定义[3]

除了关注射流长度和射流扩张角外,还对射流液核尺寸的变化规律进行了研究,定义超临界射流的液核长度为射流中心轴线上燃料浓度为 100% 的核心区长度,如图 6 - 4 所示。文献[3]中指出,超临界射流的液核大小通常可以作为反映射

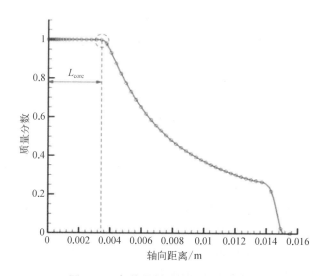

图 6 - 4　超临界射流液核长度的定义

流与环境介质间组分输运能力强弱的量度。

6.2.1　环境压力的影响

采用上文所述的数值模拟方法,对环境压力从 2.5~5.0 MPa 区间内(P_r=1.19~2.38,P_r 表示对比压力,即环境压力 p_{amb} 与燃油临界压力 p_c 的比值),超临界射流长度和射流扩张角的变化规律进行了研究。喷射温度为 666 K(T_r=1.08,T_r 表示对比温度,即燃油喷射温度 T_{inj} 与燃油临界温度 T_c 的比值),环境温度分别为743 K、783 K 和 823 K(T_r=1.20、1.27 和 1.33,T_r 为环境温度 T_{amb} 与燃油临界温度 T_c 的比值)。其中,超临界射流长度随环境压力的变化曲线如图 6-5 所示。

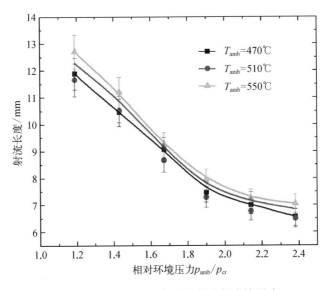

图 6-5　环境压力对超临界射流长度的影响

从图 6-5 可以看出,随着环境压力的升高,超临界射流长度逐渐减小,且减小的速率逐渐放缓。这是由于环境压力的升高导致了喷射压力的升高,燃油的黏性和密度相应增大,由于燃油的流量保持恒定,故燃油的喷射速度和射流动量减小,穿透能力下降,造成了射流长度减小。此外,还可以发现,不同环境温度下射流长度的减小幅度分别为 44.86%、44.22% 和 44.45%,说明不同环境温度下环境压力对射流长度的影响程度基本相当。这是由于喷射流量不变时,喷射压力完全由环境压力的大小来调控,燃油的黏性和密度等物性参数基本不受环境温度的影响。

超临界射流扩张角随环境压力的变化趋势如图 6-6 所示,可以发现,随着环境压力的升高射流扩张角不断减小,但减小幅度远小于射流长度,仅为 3.5% 左右。射流扩张角的减小主要有以下两个原因:

（1）密度比因素，根据 Chehroudi 等[14]的研究结论，射流扩张角与喷射的密度比（喷射流体密度/环境气体密度，$\rho_{\text{inj}}/\rho_\infty$）成反比，如式（6-45）所示，当环境压力升高时，超临界燃油和环境气体的密度同时升高，但燃油的密度对压力的变化更为敏感[15]，因此喷射的密度比增大，射流扩张角减小。

$$\tan \theta = a \cdot \left[b + (\rho_\infty / \rho_{\text{inj}})^{1/2} \right] \tag{6-45}$$

式中，a、b 为常系数，根据喷射流体和喷嘴几何结构的不同而取不同的值。

（2）动量比因素，燃油黏性的提高和喷射速度的减小造成了喷射动量的降低，使得喷射燃油的穿透力下降，射流扩张角减小。由于燃油的密度相较氮气的密度大不止一个量级，由环境压力变化造成的密度比变化量较小，所以密度比对射流长度和射流扩张角的影响并不显著。而与之相比，由温度和压力变化所导致的动量比变化范围更大，此时动量比因素是影响超临界喷射特性的主导因素，射流形态的改变受到喷射参数和环境参数改变的双重影响。

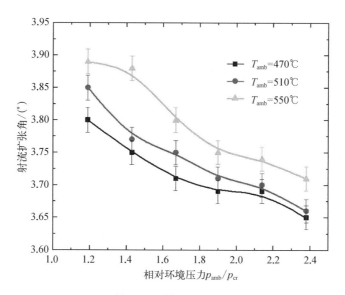

图 6-6　环境压力对超临界射流扩张角的影响

超临界射流的液核长度 L_{core} 和液核长度占比 $L_{\text{core}}/L_{\text{jet}}$ 随环境压力的变化规律如图 6-7 所示，由图可以看出，随着环境压力的升高，射流的液核长度减小，液核占整个射流长度的比例也逐渐减小。此处，液核长度减小的原因与上文射流长度减小的原因相同，主要是由喷射速度和喷射动量的减小所导致，而液核尺寸占比下降说明由环境压力升高所导致的喷射动量降低对液核尺寸的影响大于对整个射流的影响，环境压力的升高虽然降低了射流的穿透深度和扩张角，但加强了相同流量下射流与环境介质间的组分输运能力。

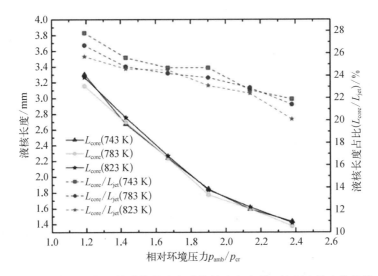

图 6-7 超临界射流的液核长度和液核长度占比随环境压力的变化曲线

6.2.2 环境温度的影响

研究了环境温度从 723 K 升高至 823 K($T_r = 1.15 \sim 1.31$)时超临界射流长度和射流扩张角的变化规律,喷射温度为 666 K($T_r = 1.08$),喷射环境压力分别为 2.5 MPa、3.0 MPa 和 3.5 MPa(P_r 分别为 1.19、1.43、1.67)。图 6-8 为超临界射流长度和射流扩张角随环境温度的变化规律,可以发现,射流长度和射流扩张角均随环境温度的升高而增大。这是由于在超临界燃油的喷射速度、密度、黏性和动量均保持不变的情况下,环境温度的升高导致环境气体的密度和黏性降低,环境介质

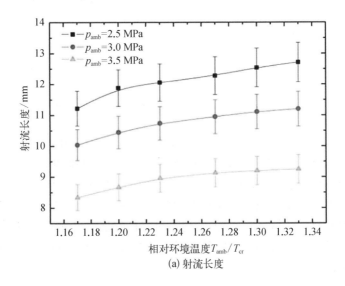

(a) 射流长度

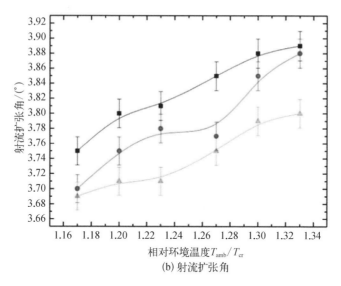

(b) 射流扩张角

图 6-8　超临界射流长度和射流扩张角随环境温度的变化

的可穿透性增强,射流长度和射流扩张角增大。在恒定的喷射流量下,环境温度对射流形态的影响是由于环境气体的物性改变所引起的,而与喷射燃油的物性无关。

图 6-9 是超临界射流的液核长度和液核长度占比随环境温度的变化规律,可以发现,三种不同环境压力下的液核长度基本不随环境温度的改变而改变,但液核长度的占比却有所下降。结合前文的分析可知,液核尺寸主要受超临界燃油喷射参数的影响,而基本不受环境参数的影响,环境参数的改变对射流形态的影响主要集中于射流的下游,通过影响工质的输运和扩散能力来改变射流的形态。

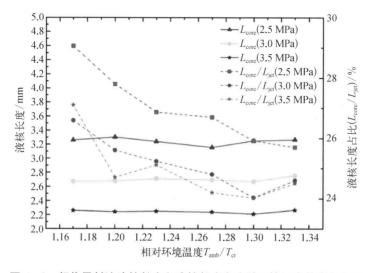

图 6-9　超临界射流液核长度和液核长度占比随环境温度的变化曲线

6.2.3　喷射温度的影响

当环境温度为 783 K（$T_r = 1.27$），环境压力分别为 2.65 MPa、3.0 MPa 和 3.5 MPa（P_r 分别为 1.26、1.43、1.67），喷射温度为 626～726 K（$T_r = 1.01～1.17$）时，超临界射流长度和扩张角随喷射温度的变化曲线如图 6-10 所示。由图可以看出，射流长度和射流扩张角随喷射温度的升高呈线性增大趋势，且增大幅度远高于其受环境参数的影响。此时，射流形态的改变完全是由喷射参数的改变所引起的，而基本与环境参数无关，这主要是由于喷射温度的升高造成了燃油的密度和黏性下降，当喷射流量恒定时，超临界燃油的喷射速度和动量增大，提高了射流的穿透能力。

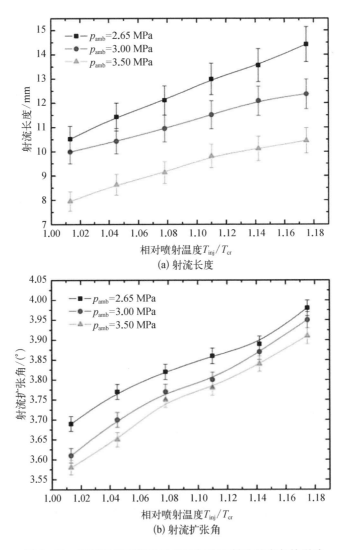

图 6-10　喷射温度对超临界射流长度和射流扩张角的影响

图 6 - 11 是超临界射流的液核长度和液核长度占比随喷射温度的变化规律,可以发现,随着喷射温度的升高,液核长度随之增大,然而液核长度的占比却逐渐下降。此处,液核长度的增大主要与喷射动量和喷射速度的增大有关,而液核尺寸的占比下降说明了高温射流的组分输运能力更强,更利于超临界射流与环境气体间的组分输运。

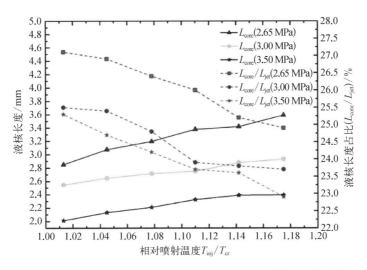

图 6 - 11　超临界射流的液核长度和液核长度占比随喷射温度的变化规律

6.3　伪沸腾对射流特性的影响分析

伪沸线为亚临界气液共存线的延长线,如图 6 - 12 所示,当流体跨越伪沸线时,其热力学性质和输运特性会发生剧烈变化,其比定压热容达到最大值,流体从环境吸收的能量主要用于流体自身的膨胀,而非使其温度升高,流体从类似于液体的状态转变为类似于气体的状态,这和亚临界条件下的沸腾现象类似,因此被称为伪沸腾现象[16,17]。伪沸点温度 T_{pb} 是指在超临界状态下,流体比定压热容达到最大值时的温度。由于复杂的界面交换过程和高压环境引入的热力学非理想性和输运异常性,伪沸腾现象并没有得到很好的理解,这给跨、超临界射流的数值模拟带来了许多挑战。

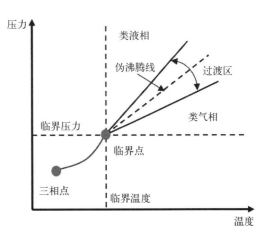

图 6 - 12　伪沸线示意图

6.3.1　数值模型验证

近临界区由于伪沸腾现象的存在,流体热力学性质和输运特性会发生剧烈变化,为研究伪沸腾现象对跨、超临界射流特性的影响,本节基于 OpenFOAM 软件,使用修正的压力方程[18]和 PIMPLE 算法对压力和速度进行耦合迭代计算,湍流模型采用 Smagorinsky 模型[19]。

选取与 Mayer 等[20]研究中相似的氮气跨、超临界工况进行数值模拟。氮气的临界温度 T_c 和临界压力 p_c 分别是 126.2 K 和 3.4 MPa。氮气在 4 MPa 下的伪沸点温度 T_{pb} 为 129.8 K,在 5 MPa 下的伪沸点温度 T_{pb} 为 134.8 K。表 6-2 为跨/超临界射流的初始条件,其中下标 inj 和 ch 分别表示初始喷射参数和腔室参数。采用二维计算模型,计算域长、宽分别为 54D、27D,喷嘴直径 D 为 2.2 mm。采用结构化网格,在射流近场进行局部加密,加密网格尺寸为 0.05 mm,非加密区域的网格尺寸为 0.1 mm,网格总数为 180 万。

表 6-2　跨/超临界射流的初始条件

工　况	$u_{inj}/(m/s)$	T_{inj}/K	p_{ch}/MPa	T_{ch}/K	ρ_{inj}/ρ_{ch}
工况 1	5.4	120.0	4.00	298	12.44
工况 2	4.5	126.2	5.01	298	9.11
工况 3	4.9	126.9	3.97	298	10.08
工况 4	5.4	137.0	3.98	298	3.66

为了便于定量分析,对温度、密度和比定压热容采用无量纲处理:无量纲温度比 $T^* = T/T_{inj}$、无量纲密度比 $\rho^* = \rho/\rho_{inj}$、无量纲定压比热比 $c_p^* = c_p/c_{p_{inj}}$,其中 T、ρ、c_p 分别为温度、密度和比定压热容的时均值。为便于研究伪沸腾现象,将射流温度低于伪沸点温度 T_{pb}、压力高于临界压力 p_c 的射流定为跨临界射流;将射流温度高于伪沸点温度 T_{pb}、压力高于临界压力 p_c 的射流定为超临界射流。工况 1、工况 2 和工况 3 的喷射温度低于工作压力下氮气的伪沸点温度即射流受伪沸腾现象影响,为跨临界射流;工况 4 的喷射温度高于工作压力下氮气的伪沸点温度,为超临界射流。

首先选择工况 2、工况 3 和工况 4 与试验数据进行对比验证。图 6-13(a)为工况 2 的轴线无量纲密度分布图,从图中可以看到射流主要包含三个区域,分别是 0~6D 密度保持不变的射流核心区,6D~15D 混合掺混的过渡区,15D~30D 射流充分发展的自相似区。模拟得到的射流核心区长度为 6.3D,低于 Müller 等[18]的模拟结果(7.5D);同时在过渡区,计算结果与 Mayer 等[20]的试验数据拟合较好,而 Müller 等[18]的模拟结果略高;而在自相似区,计算结果与 Müller 等[18]的模拟结果都略高于 Mayer 等[20]的试验数据。图 6 - 13(b) 和图 6 - 13(c) 为工况 3 和工况 4 的轴线无量纲密度分布图,计算结果与 Mayer 等[20]的试验数据拟合较好,优于 Müller[18]和 Ningegowda 等[21]的模拟结果。

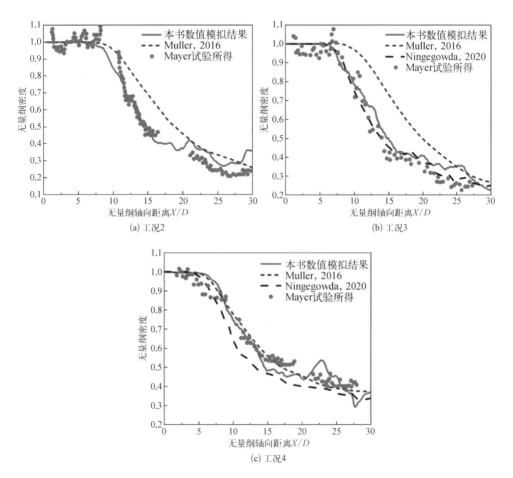

图 6 - 13　工况 2、工况 3、工况 4 的跨/超临界射流轴线上无量纲密度分布

由以上分析可知,本节使用的计算模型对跨、超临界射流的模拟效果较好,能够用于跨、超临界射流的定量分析。

6.3.2　数值结果分析

在环境压力和入射速度相差不大的情况下,选取跨临界射流工况 1、工况 3 和超临界射流工况 4 来研究伪沸腾现象对射流特性的影响。图 6 - 14 为工况 1、工况 3、工况 4 射流稳定后的密度梯度云图。由图中密度梯度的范围可以看到,与超临界射流工况 4 相比,射流温度低于伪沸点温度的工况 1、工况 3 其射流表面的密度

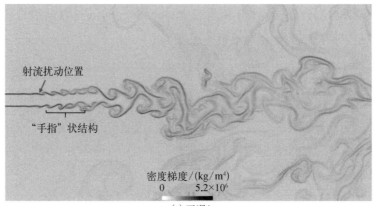

(a) 工况1

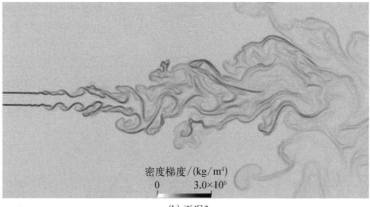

(b) 工况3

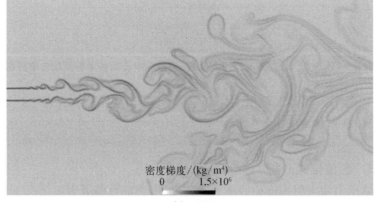

(c) 工况4

图 6-14　液氮跨超临界射流的密度梯度分布

梯度值较大,其密度梯度最大值分别是超临界射流密度梯度最大值的 3.5 倍、2 倍,这也与表 6-2 所给出的跨临界射流与环境气体具有较大的密度比有关。射流核心区与周围的大密度比影响了射流混合层的演变,抑制了 Kelvin-Helmholtz 不稳定波的形成[22],从而延缓了射流的破碎,从图 6-14 可以看到工况 1 和工况 3 射流开始扰动的位置相比工况 4 滞后。射流开始扰动后,局部湍流波动破坏了密度分界层,射流界面出现不对称的小隆起,并向高温环境扩散和溶解,而不是形成亚临界的液滴,其被称为"手指"状结构(图 6-14)。

图 6-15 为工况 1、工况 3、工况 4 的比定压热容分布。从图中可以看到,对于液氮喷射温度低于伪沸点温度的两个算例工况 1 和工况 3,比定压热容并未在喷嘴出口处达到最大,伴随射流向下游发展,在湍流混合和热传递的作用下,当射流表面温度达到伪沸点温度时其比定压热容达到最大,跨临界射流工况 1 和工况 3 的定压比热比 $c_{p_{\max}}/c_{p_{\rm inj}}$ 分别为 5.7 和 1.8。从图中可以看到,指状结构在高温环境中最先吸热达到伪沸点温度,比定压热容达到最大,随着射流的卷曲破碎,液氮块表面的比定压热容达到最大,大的比定压热容意味着升高相同温度需要吸收更多能量,其在射流表面形成一道吸热能力较强的屏障,抑制射流内部温度的升高,维持射流密度的稳定。因此,在跨临界射流下,大的比定压热容起到稳定射流的作用。对于超临界射流工况 4,比定压热容在喷嘴出口处最大,随着射流向下游发展不断减小,与跨临界相比,其比定压热容较小。这些结果表明,从跨临界到超临界射流,随着喷射温度的升高,伪沸腾的热屏障作用下降,射流更易破碎。

图 6-16 为不同喷射温度下无量纲密度沿轴线的分布,从图中可以看到,由于射流表面密度梯度的存在,喷嘴出口附近存在恒定密度核心区,射流温度为 120 K、126.9 K 和 137 K 下的恒定密度核心区的长度分别为 6.5D、5.9D 和 5D,密度核心区长度随着喷射温度升高而减小。在过渡区(6D~15D),低温氮气与高温氮气相互掺混,射流吸热体积膨胀,导致密度开始减小,喷射温度为 137 K 的超临界射流轴线密度下降最早,且下降幅度最大。在自相似区(15D~30D),轴线密度曲线变化较缓。

图 6-17 为不同喷射温度下无量纲温度沿轴线的分布,图中的虚线分别为 120 K、126.9 K 对应的无量纲伪沸点温度,可以看到与密度分布相似,在射流核心区射流温度不变,随着射流核心区的不稳定,轴线温度快速升高。对喷射温度为 120 K 的跨临界射流,其喷射温度较低,与伪沸点温度($T_{\rm pb}=129.7$ K)相差较大,需要从环境中吸收较多能量才能跨过伪沸腾区,从图中可以看到,从轴线距离 6.5D 处射流开始吸热,到轴线距离 15D 处,轴线温度一直在伪沸点温度附近,在自相似区(15D~30D)轴线温度才开始大幅上升。对喷射温度为 126.9 K 的跨临界射流,其喷射温度与伪沸点温度($T_{\rm pb}=129.7$ K)相差不大,从图中可以看到,其轴线温度较快达到伪沸点温度,但是在轴线距离 13D 处轴线温度才开始大幅上升。可以看

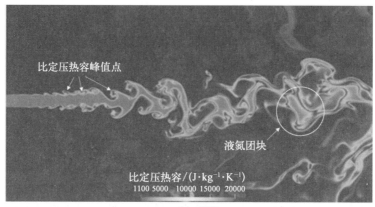

(a) 工况1

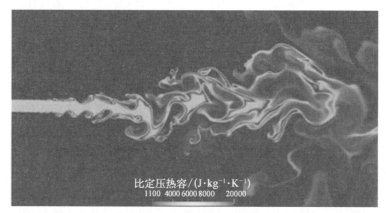

(b) 工况3

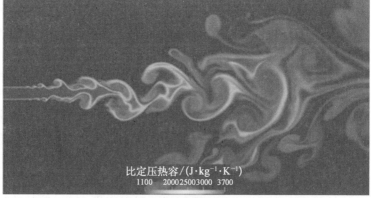

(c) 工况4

图 6-15 液氮跨超临界射流的比定压热容分布

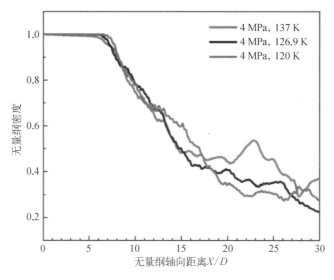

图 6-16　不同喷射温度下无量纲密度沿轴线的分布

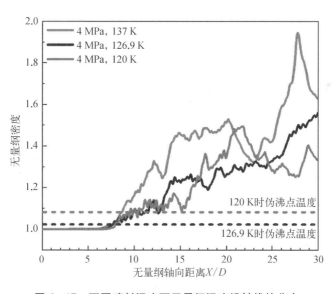

图 6-17　不同喷射温度下无量纲温度沿轴线的分布

到对跨临界射流,受伪沸腾的影响,轴线温度在伪沸点温度附近时温升速率较小,需要较长距离的吸热才能跨过伪沸腾区的影响,轴线温度才开始迅速升高,这是因为达到伪沸点温度前流体吸收的热量主要用于伪沸腾引起的体积膨胀,达到伪沸点温度后流体吸收的热量才用于提升自身温度。喷射温度为 137 K 的超临界射流吸收的能量主要用于提升温度,其轴线温度最先升高,且温升速率最大,超临界射流中不再存在伪沸腾现象。

图 6-18 为不同喷射温度下无量纲比定压热容沿轴线的分布,从图中可以看到,对喷射温度为 120 K 的跨临界射流,在轴线距离 6.5D~15D,由于轴线温度一直在伪沸点温度 T_{pb} 附近,射流比定压热容一直在增大,在轴线距离 15D 处达到最大,之后比定压热容开始下降;同时,其轴线比定压热容的波动幅度远大于其轴线密度和温度的波动幅度,比定压热容在过渡区的剧烈波动表明在跨临界射流中湍流-热力学的相互作用较剧烈,这有利于热量从高温环境转移到低温射流中,从而加速射流核心的破碎。对喷射温度为 126.9 K 的跨临界射流,轴线比定压热容先增大,在轴线距离 7D 处达到最大,之后开始下降,由于射流温度与伪沸点温度只差 2.8 K,其比定压热容的波动幅度较小。喷射温度为 137 K 的超临界射流其比定压热容在轴线距离 5D 处开始减小,在过渡区降幅最大,在自相似区趋于稳定,其比定压热容变化最为平缓。

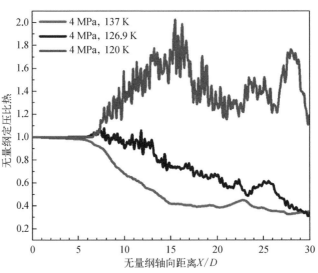

图 6-18　不同喷射温度下无量纲比定压热容沿轴线的分布

由以上分析可知,伪沸腾在跨临界射流中通过大的密度分层和比定压热容稳定射流,湍流扰动使密度分层和比定压热容急剧波动,导致射流与高温环境快速掺混,加速射流从液态向高密度气态的转变。随着射流温度的升高,伪沸腾现象减弱,在超临界射流里不再存在大的密度分层和比定压热容,射流更易破碎混合。

为了便于分析射流温度对湍流-热力学相互作用的影响,下面通过涡量方程进行量化分析,涡量方程[23]如下所示:

$$\frac{D\omega}{Dt} = (\omega \cdot \nabla)u - (\nabla \cdot u)\omega + (\nabla\rho \times \nabla p)/\rho^2 + \nabla \times (\nabla \cdot \tau/\rho) \quad (6-46)$$

主要考虑体积膨胀效应 $(\nabla \cdot u)\omega$、斜压效应 $(\nabla \rho \times \nabla p)/\rho^2$ 和黏性效应 $\nabla \times (\nabla \cdot \tau/\rho)$ 对涡量的影响。图 6-19 为剪切层处 $(y=0.5D)$ 不同喷射温度下无量纲涡量分项的瞬时轴线分布图,通过喷射速度和喷嘴直径 D 对涡量分项的大小进行无量纲化。从图 6-19(a) 和图 6-19(b) 可以看到,对喷射温度为 120 K 和 126.9 K 的跨临界射流,斜压效应对射流表面涡的生长、形成的贡献远大于体积膨胀效应,这表明在跨临界射流中,斜压效应占主导地位,其次是体积膨胀效应,而黏性效应可以忽略。如图 6-19(c) 所示,对喷射温度为 137 K 的超临界射流,斜压效应同样占主导地位,且只在射流核心区表面存在峰值,随着射流向下游发展,斜压效应和体积膨胀效应趋于同一水平。随着射流温度的升高,射流密度比减小,射流密度梯度减小,射流核心区中的斜压效应峰值减小。

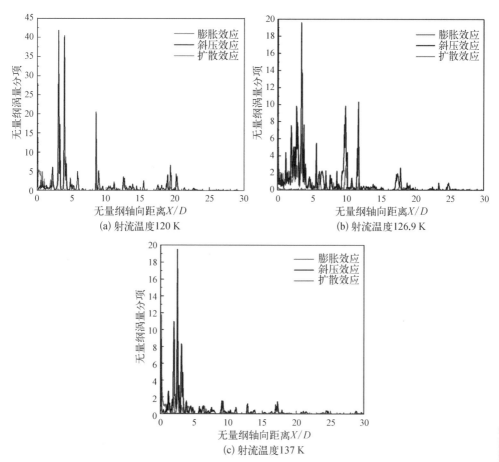

图 6-19　不同喷射温度下无量纲涡量分项沿轴线的分布

6.4　超临界燃油湍流燃烧数值研究简介

对于超临界航空煤油在燃烧室内的燃烧,其掺混和燃烧过程均和液相或气相燃料的对应过程不同,传统燃烧室的数值模拟方法包括湍流火焰模型设置、液滴破碎及蒸发设置等已不再适用。因此,需要重新建立一套从物性数据库、湍流模型、掺混过程到反应机理均能适用于超临界工况的燃烧仿真模型。因为超临界燃烧本身具有强湍流效应、物性突变以及化学反应复杂等特点,所以涉及超临界湍流燃烧的仿真工作具有以下困难:

(1)高湍流度与高反应活性引发的极快的化学反应速度要求极小的化学反应时间步,这对于网格质量与计算资源均提出了很高的要求;

(2)高压下的超临界态流体密度较高,同时雷诺数也较大,使得在整个流场区域内同时存在着大范围的湍流长度和时间尺度,那么则需要极为精细的网格来求解微尺度上的流动细节;

(3)在超临界流体计算中还需要求解真实气体方程,对计算资源的占用则会进一步增加,求解组分热力学性质和输运性质的计算耗时要占到 CPU 总耗时的一半以上[24];

(4)由于超临界燃烧过程是涉及相变与反应的高度非稳态过程,气相准稳态的简化假设不再适用[25];

(5)在跨越临界点的过程中,物性剧烈变化,在数值模拟时不易建立恰当的初始场;

(6)对于成分复杂的混合物而言,临界点附近的物性未知;

(7)超临界态流体的对流速度远较声速为小,使得不能采用等压流模型;但又远大于扩散速度,这使得等压假设不能成立;马赫数较小时,守恒方程弱封闭,各个量(系数矩阵)的特征值量级差异较大。此时数值求解的运算速度减慢,甚至不再适用[26];

(8)低马赫数下,压力项的较小的舍入误差会引发对流速度较大的计算误差,甚至这一误差会超过扩散速度的量级[26]。

上述挑战的前三点均对计算资源与算法提出了很高的要求,同时也可以通过合理分配计算资源或优化相关算法的方法来满足这一要求。合理分配计算资源常采用的手段包括将超临界燃烧计算过程中占用计算资源相对较多的物性方程求解过程交由图像处理单元(graphics processing unit, GPU)展开计算,并相应地开发 GPU 加速计算技术,以快速求解物性方程等,Gottiparthi 等[27]就已在超临界射流计算中通过 GPU 加速算法来求解真实流体方程;而优化算法则是出于快速求解物性的目的,通过制表法(tabulation-based method)或相关动态评价方法(correlated dynamic evaluation method）来计算物性。

制表法指的是在开展数值模拟前需要预先计算流体的物理性质，在计算中则可通过热力学状态在数据库中高效地查询所需的参数，这一数据库通常包括混合物的热力学性质以及输运性质。采用这一方法时，关键问题在于选取哪些参数作为数据库查询时的输入量，Lacaze 和 Oefelein[28]通过敏感性分析，选取了混合物质量分数、压力和焓值作为数据库查询时的输入量，计算了超临界压力环境下的对冲扩散湍流燃烧火焰，研究了真实流体效应对火焰结构的影响；而 Wang 等[24]则出于节省计算资源的目的，同时假设流场内的压力波动远小于平均压力，选取混合物质量分数与温度作为查询输入量，计算了同轴喷嘴附近超临界流体的掺混与燃烧过程。

相关动态评价方法同样是一种用于计算流体的热力学性质与输运性质的方法。无论是理想气体还是真实流体，其流场中的性质均是时空相关的，例如远离混合层的区域或多物种相互作用区域应具有相似的热力学和输运性质，而随时间演化的流场在连续的时刻间热力学和输运性质也应接近，因此，计算某一点的热力学性质和输运性质可以通过与其时空相关的区域性质求得。这一方法的关键在于能够选取代表热物性的关键变量，并精确定义时空相关的关联计算式。

此外，试验研究的缺乏，也为数值模拟的验证带来了困难。对于气态燃料的层流/湍流燃烧计算，其数值模拟结果可与现有不同类型的标准火焰炉[29-31]的试验结果进行比对以验证其有效性，然而目前仍然缺少以超临界态碳氢燃料作为可燃物的标准火焰试验结果。因此，对数值方法的验证往往是将不同湍流模型或燃烧模型所得的结果加以比对，或结合可靠的湍流流场计算结果，分析得出超临界非预混火焰的时空演化规律是否合乎流场性质。在此情况下，了解各燃烧模型的控制方程和基本假设是十分重要的，是比较各燃烧模型计算所得结果的基础。下面将对几种超临界湍流燃烧模型进行介绍，重点在于介绍这些模型的基础假设。

1）小火焰单元模型（flamelet based model）

小火焰单元模型是目前超临界燃烧相关数值模拟研究中最为广泛应用的燃烧模型[32-35]。其核心假设在于：这一模型内的化学反应时间尺度是小于湍流时间尺度的。在这一假设下，全局尺度上的湍流火焰可以被视作一系列层流小火焰单元的集合。在数值模拟开始之前，需要首先建立一个层流小火焰的数据库，用于存储一系列稳态数据。在这一小火焰库中，通过火焰面的混合分数查找对应反应后的物质分布。由于采用这一方法计算超临界燃烧时，不需要在每个时间步结束时计算组分守恒方程，节省了计算资源，所消耗的计算机内存与计算速度均大幅提升。近年来人工神经网络技术的发展更是加速了小火焰数据库的建立。

2）涡耗散模型［eddy-dissipation-concept（EDC）model］

涡耗散模型是一种已在湍流燃烧计算中被广泛应用的模型，为反应速率的求解提供了一种经验的表达方式。这一模型假设化学反应发生在湍流能量耗散的区域[36]，该区域由一系列的微元结构(fine structures)组成，这些结构的二维投影与流场的柯尔莫哥洛夫(Kolmogorov)长度相当，但在三维上则不同。这一结构在时空上均是非均匀分布的，保持间断出现的状态。这一模型通常还包含如下组成部分：① 描述湍流中能量从大尺度涡向小尺度涡传递的级联模型，可将发生燃烧的黏性精细结构与湍流模型模拟的大尺度涡联系起来；② 将低阶尺度特征量表示为大尺度量的能量传递模型；③ 大尺度量通常通过湍流模型中的时均量求解，或者直接通过大涡模拟求解；④ 流场中的每个精细结构在发生化学反应时均被视为单独的稳态均相反应器。上述原因中③和④均有助于减少所需计算资源，故这一方法期望被用于超临界燃烧的计算，以降低求解化学反应时的计算资源需求[37]。

3）厚火焰面模型(thickened-flame model)

厚火焰面模型是为了解决大涡模拟计算燃烧时遇到的问题。实际的预混火焰厚度大概在 0.1~1 mm 量级，这一尺寸通常是小于大涡模拟中的网格尺度的[38]。考虑到反应进度变量在计算中是一个刚性变量，故在燃烧过程中无法求得火焰前锋的位置。在这一背景下，厚火焰面模型假设火焰面比实际火焰面厚，但仍具有相同的层流火焰速度，引入火焰面增厚因子 F，则热扩散系数扩大为原来的 F 倍，而平均反应速度则须缩小为原有的 $1/F$。如果 F 的值足够大（通常为 5~30[39]），此时即可计算火焰面。与直接数值模拟一样，反应速率是通过阿伦尼乌斯(Arrhenius)定律计算，其结果可以从一维燃料质量分数平衡方程中得出。这一方法的优点在于：① 除去火焰面厚度与实际不同，并没有作其他关于化学反应的假设；② 该方法可基于大涡模拟的网格进行计算，而不需亚格子模型；③ 由于是对 Arrhenius 定律的直接应用，因此不需再专门针对点火、火焰稳定、火焰与壁面间的相互作用等进行额外建模，理论上这一方法可以推广至复杂化学反应中[39]。

早期研究中这一模型由于较难与液态燃料的离散相模型或多相流模型相耦合，少见于对大分子碳氢燃料的计算；但由于超临界流体可以被视为高密度的气相燃料，局部预混效果较好，故存在应用这一模型进行计算的可能。

4）线性涡混合模型[linear-eddy mixing (LEM) model]

1988 年被提出的线性涡混合模型[40]同样是为了解决大涡模拟中的网格尺度不足以求解流场中某些小尺度特征量(如火焰面厚度、Kolmogorov 涡尺度等)的矛盾[41]。通过 N-S 方程来求解全部尺度的流场特征是不现实的，为在相对粗糙的网格上求取尺度小于网格尺寸的量，通常需要建立亚格子模型，而在亚格子模型中模拟组分浓度的掺混效应则需基于 Curl[42]于 1963 年提出的聚散模型，模型中假设了组分浓度的演化过程，从而不需再对湍流搅拌效应和分子混合效应进行区分[43]。然而在应用 Curl 模型的情况下，施密特数(Schmidt number)表示的动量扩散与质量扩散间的关系已无法正确求得，这无疑会为燃烧计算带来很大的误差。

线性涡混合模型即被用于解决这一问题:基于亚格子方法,全部尺度的涡对火焰传播的影响均被纳入考虑,这有助于显著提高求解的准确性;同时采用费克扩散定律求解分子混合场。这对计算资源提出了很高的要求,在实际应用中,计算往往被限制为一维的[44]。在对任一网格进行燃烧计算时,每个网格内反应扩散过程的求解均为沿垂直于当地火焰面的法向量方向[41]进行一维计算,此时可采用多组分输运模型和复杂的化学机理[45],可用于对成分复杂的大分子燃料进行计算。

5)输运概率密度函数模型[transported probability density function (TPDF) model]

即使在没有化学反应发生的湍流流场中,方程的不封闭性也会为求解带来很大的困难;而在反应流中,非线性的反应速率和显著的密度变化更是加大了求解流场参数的难度[46]。概率密度函数模型的提出即是为了解决这一问题[47]。在可压流的计算中,方程中的对流项、反应项、体积力项与压力梯度项等的完整统计学描述均能通过查询速度-组分联合的概率密度函数得出,只有压力振荡梯度项和分子输运项仍不封闭,需通过其他方程求解[46]。影响这一概率密度函数的变量包括速度矢量的三个分量、当地组分的质量分数以及焓值等。

相较于其他模型,PDF 方法具有独立变量少和信息量大的特点,且这一方法不受反应复杂程度和流场湍流度的限制[48],适用于复杂流场的超临界燃烧过程计算。在实际的数值计算中,这一模型常与小火焰单元模型联合使用,通过预先建立小火焰单元数据库作为待求解函数来降低对计算资源的需求。

参考文献

[1] 陶文铨. 数值传热学(第二版)[M]. 西安:西安交通大学出版社,2001.

[2] Chorin A J. A numerical method for solving incompressible viscous flow problems[J]. Journal of Computational Physics, 1997, 135(2):118 – 125.

[3] Doungthip T, Ervin J, Williams T, et al. Studies of injection of jet fuel at supercritical conditions[J]. Industrial and Engineering Chemistry Research, 2002, 41:5856 – 5866.

[4] Weiss J, Smith W. Preconditioning applied to variable and constant density flows[J]. AIAA Journal, 1995, 33(11):2050 – 2057.

[5] Zhang S, Meganathan A. Preconditioning methods in CFD – FASTRAN[C]. Reno:46th AIAA Aerospace Sciences Meeting and Exhibit, 2008:701.

[6] Minotti A, Bruno C. Comparison between real and ideal sub and supercritical combustion simulations of LO_2 – CH_4 LRE flames at 15 MPa[C]. Reno:46th AIAA Aerospace Sciences Meeting and Exhibit, 2008.

[7] Peng D, Robinson D. A new two-constant equation of state[J]. Industrial and Engineering Chemistry Fundamentals, 1976, 15(1):59 – 64.

[8] Reid R C, Prausnitz J M, Poling B E. The properties of gases and liquids[M]. 4th edition. Singapore:McGraw Hill International Editions, 1987.

［9］　NIST. NIST Chemistry WebBook［EB/OL］.［2022 - 10 - 01］. http：//webbook. nist. gov/.

［10］　Edwards T, Maurice L. Surrogate mixtures to represent complex aviation and rocket fuels［J］. Journal of Propulsion and Power, 2001, 17(2)：461 - 466.

［11］　范珍涔, 范玮. 流动参数对超临界喷射特性影响的数值模拟［J］. 航空学报, 2013, 34(5)：1045 - 1057.

［12］　梁获胜, 高伟, 许全宏, 等. 超临界航空煤油喷射到大气环境的喷射特性［J］. 航空动力学报, 2009, 24(6)：1258 - 1263.

［13］　高伟, 林宇震, 付镇柏, 等. 超临界正十烷喷射到大气环境的喷射特性［J］. 航空动力学报, 2010, 25(9)：1984 - 1988.

［14］　Chehroudi B, Cohn R, Talley D. Spray/gas behavior of cryogenic fluids under sub- and supercritical conditions［C］. Pasadena：8th International Conferences on Liquid Atomization and Spray Systems, 2000.

［15］　Deng H, Zang C, Xu G, et al. Density measurements of endothermic hydrocarbon fuel at sub- and supercritical conditions［J］. Journal of Chemical and Engineering Data, 2011, 56：2980 - 2986.

［16］　Banuti D T. Crossing the Widom-line：Supercritical pseudo-boiling［J］. The Journal of Supercritical Fluids, 2015, 98：12 - 16.

［17］　Maxim F, Contescu C, Boillat P, et al. Visualization of supercritical water pseudo-boiling at Widom line crossover［J］. Nature Communications, 2019, 10(1)：1 - 11.

［18］　Müller H, Niedermeier C A, Matheis J, et al. Large-eddy simulation of nitrogen injection at trans- and supercritical conditions［J］. Physics of Fluids, 2016, 28(1)：015102.

［19］　Smagorinsky J. General circulation experiments with the primitive equations［J］. Monthly Weather Review, 1963, 91(3)：99 - 164.

［20］　Mayer W, Telaar J, Branam R, et al. Raman measurements of cryogenic injection at supercritical pressure［J］. Heat and Mass Transfer, 2003, 39(8 - 9)：709 - 719.

［21］　Ningegowda B M, Nadia F, Rahantamialisoa Z, et al. Numerical modeling of transcritical and supercritical fuel injections using a multi-component two-phase flow model［J］. Energies, 2020, 13(21)：5676.

［22］　Schmitt T, Selle L, Cuenot B, et al. Large-eddy simulation of transcritical flows［J］. Comptes Rendus Mécanique, 2009, 337(6 - 7)：528 - 538.

［23］　Zong N, Meng H, Hsieh S Y, et al. A numerical study of cryogenic fluid injection and mixing under supercritical conditions［J］. Physics of Fluids, 2004, 16(12)：4248 - 4261.

［24］　Wang X, Huo H, Unnikrishnan U, et al. A systematic approach to high-fidelity modeling and efficient simulation of supercritical fluid mixing and combustion［J］. Combustion and Flame, 2018, 195：203 - 215.

［25］　Umemura A. Supercritical liquid fuel combustion［J］. Symposium on Combustion, 1988, 21(1)：463 - 471.

［26］　Shuen J S, Yang V, Hsiao C C. Combustion of liquid-fuel droplets in supercritical conditions［J］. Combustion and Flame, 1992, 89(3 - 4)：299 - 319.

［27］　Gottiparthi K C, Sankaran R, Ruiz A M, et al. Large eddy simulation of a supercritical fuel jet in cross flow using GPU-acceleration［C］. San Diego：54th AIAA Aerospace Sciences

Meeting, 2016.

[28] Lacaze G, Oefelein J C. A non-premixed combustion model based on flame structure analysis at supercritical pressures[J]. Combustion and Flame, 2012, 159(6): 2087 – 2103.

[29] Floyd J, Kempf A M, Kronenburg A, et al. A simple model for the filtered density function for passive scalar combustion LES[J]. Combustion Theory and Modelling, 2009, 13(4): 559 – 588.

[30] Barlow R S, Meares S, Magnotti G, et al. Local extinction and near-field structure in piloted turbulent CH_4/air jet flames with inhomogeneous inlets[J]. Combustion and Flame, 2015, 162(10): 3516 – 3540.

[31] Kalt P A, Al-Abdell Y M, Masri A R, et al. Swirling turbulent non-premixed flames of methane: Flow field and compositional structure[J]. Proceedings of the Combustion Institute, 2002, 29(2): 1913 – 1919.

[32] Wang X, Yang V. Supercritical mixing and combustion of liquid-oxygen/kerosene bi-swirl injectors[J]. Journal of Propulsion and Power, 2017, 33(2): 316 – 322.

[33] Wang X, Zhang L, Li Y, et al. Supercritical combustion of gas-centered liquid-swirl coaxial injectors for staged-combustion engines[J]. Combustion and Flame, 2018, 197: 204 – 214.

[34] Wang X, Yang V. Supercritical injection and mixing characteristics of liquid oxygen/kerosene bi-swirl injectors[C]. San Diego: 54th AIAA Aerospace Sciences Meeting, 2016.

[35] Huang D, Wang Q, Meng H. Modeling of supercritical-pressure turbulent combustion of hydrocarbon fuels using a modified flamelet-progress-variable approach[J]. Applied Thermal Engineering, 2017, 119: 472 – 480.

[36] Hong S, Wooldridge M S, Im H G, et al. Modeling of diesel combustion, soot and NO emissions based on a modified eddy dissipation concept[J]. Combustion Science and Technology, 2008, 180(8): 1421 – 1448.

[37] Ertesvåg I S, Magnussen B F. The eddy dissipation turbulence energy cascade model[J]. Combustion Science and Technology, 2000, 159(1): 213 – 235.

[38] Veynante D, Poinsot T. Reynolds averaged and large eddy simulation modeling for turbulent combustion[M]//Métais O, Ferziger J H. New tools in turbulence modelling. Beilin: Springer, 1997.

[39] Colin O, Ducros F, Veynante D, et al. A thickened flame model for large eddy simulations of turbulent premixed combustion[J]. Physics of Fluids, 2000, 12(7): 1843 – 1863.

[40] Kerstein A R. A linear-eddy model of turbulent scalar transport and mixing[J]. Combustion Science and Technology, 1988, 60(4 – 6): 391 – 421.

[41] Chakravarthy V K, Menon S. Large-eddy simulation of turbulent premixed flames in the flamelet regime[J]. Combustion Science and Technology, 2001, 162(1): 175 – 222.

[42] Curl R L. Dispersed phase mixing: I. Theory and effects in simple reactors[J]. AIChE Journal, 1963, 9(2): 175 – 181.

[43] Kerstein A R. Linear-eddy modeling of turbulent transport. II: Application to shear layer mixing[J]. Combustion and Flame, 1989, 75(3 – 4): 397 – 413.

[44] Miller R S, Foster J W. Survey of turbulent combustion models for large-eddy simulations of propulsive flowfields[J]. AIAA Journal, 2016, 54(10): 1 – 17.

[45] Srinivasan S, Menon S. Linear eddy mixing model studies of high Karlovitz number turbulent premixed flames[J]. Flow, Turbulence and Combustion, 2014, 93(2): 189 – 219.

[46] Pope S B. PDF methods for turbulent reactive flows[J]. Progress in Energy and Combustion Science, 1985, 11(2): 119 – 192.

[47] Oefelein J C. Advances in the simulation of turbulent combustion[C]. Kissimmee: 53th AIAA Aerospace Sciences Meeting, 2015.

[48] Kung E H, Haworth D C. Transported probability density function (tPDF) modeling for direct-injection internal combustion engines[J]. SAE International Journal of Engines, 2009, 1(1): 591 – 606.

第7章
超临界航空煤油扩散燃烧基础特性研究

由于超临界态流体特殊的物性[1,2],超临界态航空煤油的燃烧过程将不再经历亚临界态燃料所需的"雾化-蒸发-燃烧"过程[3,4],燃烧特性也将会显著区别于亚临界时[5,6],此时的超临界态煤油可被视为一种"全新"的燃料,需要对其重新开展燃烧特性方面的研究。本章拟通过试验研究逐步积累超临界航空煤油扩散燃烧的基础特性数据、建立相关数据库,后续可用于验证数值计算结果、进而服务于工程应用。

7.1 超临界扩散燃烧的特殊性

已有研究表明,超临界态燃料的燃烧是显著不同于亚临界态的。图7-1中展示了亚/超临界工况下燃烧形态的不同:亚临界压力下,同轴喷嘴的中心液柱离开喷嘴后发生破碎形成液雾,液雾中的液滴蒸发后输运到火焰面附近参与燃烧;而在

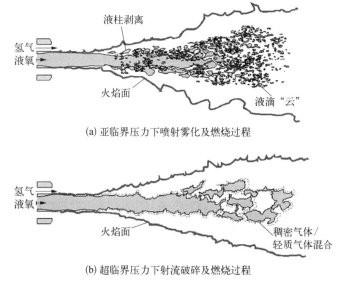

(a) 亚临界压力下喷射雾化及燃烧过程

(b) 超临界压力下射流破碎及燃烧过程

图7-1 亚/超临界压力下小分子燃料扩散燃烧过程示意[6]

超临界工况下,由于表面张力不复存在,射流破碎后不再形成液滴,取而代之的是"稠密气团",反应物从这一团块表面通过扩散效应与同轴气体发生混合,形成可燃混合物[图7-1(b)中稠密气体与轻质气体的混合]开始燃烧,甚至射流在破碎前其表面即可参与这一混合过程。参照图7-2中 Kang 和 Sung[7] 的数值模拟结果,也观察到了剥离自中心射流的团块被氧气伴流包裹,在氧气环绕下团块边缘进行燃烧的现象,这一现象被称为"孤立火焰",在亚临界工况下无法出现。

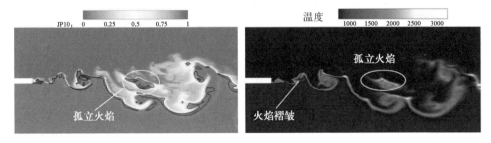

图7-2　煤油组分云图与温度云图展示的"孤立火焰"情况[7]

由于超临界燃烧不再需要经历"破碎-雾化-蒸发-燃烧"的步骤,控制超临界燃烧过程的因素也与亚临界工况下大不相同。以火箭发动机中常用的同轴喷嘴为例:亚临界工况下同轴喷嘴内外流的动量比为影响燃烧过程的最重要因素之一,射流须经剪切破碎与雾化过程才能参与燃烧,动量比则可通过影响这一破碎过程来控制燃烧过程;但当在超临界环境下,火焰传播主要受超临界态的反应物向火焰面的输运特性影响,这一过程受流场应变率控制[5]。Mayer 和 Tamura[8] 在可视化燃烧室样件中观察到,当环境压力低于临界压力时,射流在燃烧前还会经历传统的破碎和雾化现象;而当环境压力高于临界压力以后,原本低压下会发生的破碎及雾化过程被湍流掺混过程取代,燃烧工况下中心射流表面开始出现"丝状"透明结构,在向下游发展的过程中逐渐消失,随着射流向下游进一步发展,射流开始分裂成独立的"团块"结构,但是不再有液滴的存在,如图7-3所示。

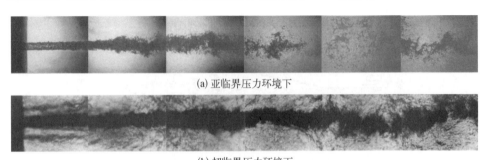

(a) 亚临界压力环境下

(b) 超临界压力环境下

图7-3　不同环境压力下液氧/氢气同轴射流的阴影图像[8]

可以看出,本节中列举的试验工作全部是基于小分子燃料的,事实上对于大分子碳氢燃料的基础燃烧特性目前还较少见诸报道,但由于这一燃烧过程具有显著不同于亚临界工况时的特殊性,故亟须针对这一方向开展相关研究。

7.2　大分子碳氢燃料液滴在超临界环境中的燃烧特性

在航空发动机的实际工作过程中,如果航空煤油在进入燃烧室前未经预热,而是保持亚临界态经雾化后在高温高压下转化为超临界态并参与燃烧,这一过程可以简化为单个亚临界的燃料液滴在超临界环境中升温至着火点并参与燃烧的过程,故研究液滴在超临界环境中的燃烧过程是很有必要的。目前学界对于液滴在超临界环境下的燃烧过程研究已获得了一些结论,大部分研究重点关注的是超临界环境对液滴形态和液滴寿命的影响。

7.2.1　大分子碳氢燃料液滴在超临界环境中的燃烧形态

大部分研究者通过在可视化喷雾室中进行的试验,观察到了在超临界工况下,液滴燃烧形态与亚临界时显著不同。Segawa 等[9]在微重力条件下观察了超临界环境中的液滴自燃过程,如图 7-4 所示:在燃烧开始前液滴表面清晰、自燃背光较弱,之后火焰面随着时间推移膨胀,而液滴内部开始变得模糊不清,研究者认为这是由于在微重力条件下对流效应不复存在、燃烧产生的碳烟积聚在液滴附近所致,但后来的研究人员则更多地将这一现象归结于温度超过临界值后"液滴"性质的变化。

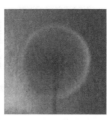

图 7-4　正十八烷醇在超临界压力下微重力时的燃烧形态[9]

当液滴外周自燃导致温度上升时,在亚临界压力下由于液滴仍存在汽化焓,其内部温度的上升会存在一个"准稳态阶段",对应液滴的平衡汽化阶段,这一阶段的时长会随着压力的升高逐渐减小;而在超临界压力下,这一准稳态阶段已不复存在,液滴内部的温度会随着外周火焰面的释热快速上升,在液滴内部的热电偶直接与火焰接触之前,液滴的内部温度便可以远高于临界温度与外界环境温度,如图7-5 所示为研究者得出的不同环境压力下正十七烷液滴内部的热电偶测得温度随时间的变化[10]。图 7-6 展示了 Segawa 等[11] 所得到的超临界环境下正十八烷醇液滴的自燃过程：可见当液滴已被加热至临界温度以上，"液滴"表面张力和黏性的降低使之更接近"稠密气体"，表面开始出现极不稳定的振荡，此时还可以注意到液滴中心原本存在的亮斑已经消失，说明此时"液滴"液相性质已经发生了改变。

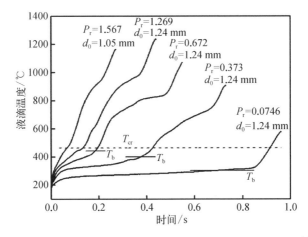

图 7-5   不同环境压力下正十七烷液滴内部温度随时间变化[10]

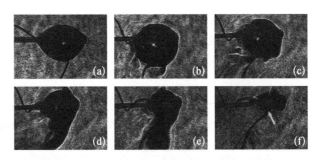

图 7-6   Segawa 等[11] 所得正十八烷醇液滴超临界压力下的燃烧过程

超临界环境下液滴温度"稳态阶段"的不复存在，以及其与亚临界环境下燃烧形态的区别在其他文献中也有记载。图 7-7 中展示了 Ma 等[10] 所到的正十七烷液滴在超临界压力下被加热线圈引燃的过程：液滴从一开始的表面清晰，随着温度升高表面逐渐变得模糊，直到液滴与外界气体间不再存在明显界限，整个液滴均达到超临界状态。图 7-7(b)中展示了单次点火后液滴内部温度的变化及对应液滴形态的变化，图中虚线框标出的时刻即对应图 7-7(a)中的 t_4，此时液滴内部温度已上升至临界温度。参照前文对准稳态阶段的定义，可以看出图 7-7(b)所示液滴在临界压力以上的环境中的燃烧过程已不存在准稳态阶段，汽化焓为 0。

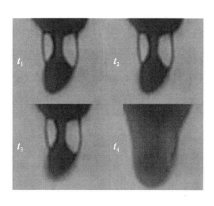

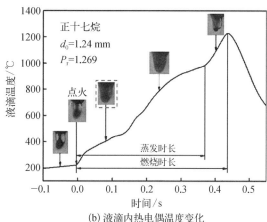

(a) 液滴形态演变　　　　　　(b) 液滴内热电偶温度变化

图 7-7　超临界压力下正十七烷液滴燃烧过程的形态演变与温度变化[10]

7.2.2　大分子碳氢燃料液滴在超临界环境中的燃烧寿命

由于在亚/超临界环境压力下液滴会经历截然不同的燃烧过程,其燃烧寿命随工况参数的变化也呈现不同的规律。在液滴超临界燃烧寿命方面,Umemura 等[12]最早将燃料液滴在超临界环境中的燃烧过程转化为一维模型进行计算,发现液滴表面的蒸发速率不完全等于燃烧消耗燃料的速率,说明燃烧过程并非受相变过程控制,这一研究尽管具有时代的局限性,但其实际上已揭示了超临界环境下的液滴可以不经过蒸发而参与燃烧的这一特性,其对燃烧速率的研究认为,液滴燃烧寿命随着压力的升高而减小,燃烧速率与压力的平方根成正比,但这一结论与之后的研究者所得结论是不符的。此后,Kadota 等[13]在测试了包括正庚烷、正癸烷、正十二烷和十六烷等的多种燃料后也得出了超临界环境中液滴寿命随压力升高而减小的结论,测量所得结果如图 7-8 所示。

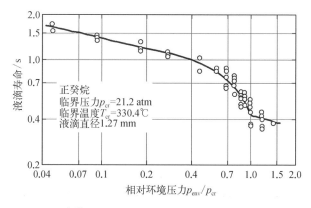

图 7-8　Kadota[13]于 1981 年所得正癸烷液滴燃烧寿命随压力的变化

    但 Kadota 所在的研究团队[9, 14]在后续对正十八烷醇液滴的研究中,得出了与
之前研究不同的结论:环境压力低于临界值时,液滴寿命随着压力的上升大幅下
降;但在环境压力高于临界值后,液滴燃烧寿命随着压力上升缓慢增加。这一变化
趋势也是目前被较为广泛接受的,如图 7-9 所示分别为研究者观察到的多种燃料
液滴寿命随压力的变化情况,当环境压力高于临界压力时,均呈现液滴寿命随压力
升高缓慢增大的规律。

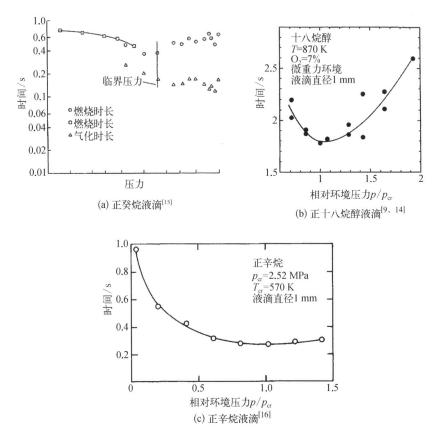

图 7-9   不同种类燃料液滴燃烧寿命随压力的变化情况

    造成在临界压力之上和之下,液滴燃烧寿命随压力变化趋势不同的主要原因
仍是亚/超临界工况下影响液滴表面组分输运与燃烧的关键机制不同。总结前人
对这一现象的研究,导致上述寿命变化趋势不同的具体原因为:
    (1)亚临界压力下液滴燃烧时间受相平衡过程控制,但超临界压力下不需再
经历相变而参与燃烧,故扩散过程成为影响液滴寿命的决定性因素;
    (2)压力低于临界压力时,提高环境压力可以提高传热系数,同时减少了液滴
相变的汽化熵,加快了液滴蒸发;

（3）压力高于临界压力时，提高环境压力会降低扩散系数，抑制燃料向火焰的传输；

（4）观察火焰形态，也可发现亚临界压力下随着压力升高扩散系数减小，火焰面会更加靠近液滴，增大了液滴表面的温度梯度，从而加速了相变，亚临界环境压力下液滴燃烧寿命随温度升高而减小；

（5）在超临界压力下，温度不再受相变影响，液滴表面燃烧为超临界状态，燃烧过程受扩散过程主导，压力的升高导致扩散系数的降低，成了影响液滴寿命的决定性因素，故液滴寿命随压力升高而减小。

7.3　超临界航空煤油射流火焰基础燃烧特性

以超临界态大分子碳氢燃料为对象的射流火焰基础研究相关内容较少，且多以火箭发动机中的同轴喷嘴为研究背景，通过数值仿真的方式研究煤油/液氧火焰在近喷嘴处的火焰稳定以及掺混情况。少量的试验研究包括在超燃冲压发动机中的相关研究[17-19]，以及以火箭发动机为背景的相关研究[20]等，将在第 8 章进行具体介绍。

本书作者开展了超临界态航空煤油在高温热伴流环境中的扩散火焰形态研究，环境压力为常压。由于超临界态航空煤油要求喷嘴处的喷射压力须高于煤油对应的临界压力，在近喷嘴有着极大的射流速度，甚至会是超声速的，因此必须存在某一稳焰机制才能使扩散火焰持续燃烧。相较于旋流器、凹腔等通过稳焰装置产生回流来稳定火焰的方式，采用高温伴流来稳定火焰的方式胜在流场简单，更易剥离流场影响来研究煤油本身的燃烧过程与火焰形态。

图 7‑10 中为超临界航空煤油热伴流燃烧器的供给示意图，试验中热伴流由

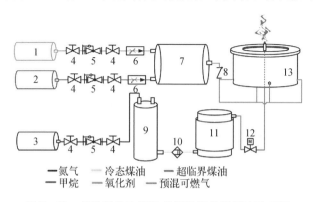

图 7‑10　超临界航空煤油热伴流扩散燃烧实验系统

1. 氧化剂气瓶；2. 甲烷气瓶；3. 氮气气瓶；4. 截止阀；5. 减压阀；6. 流量控制器；7. 预混罐；
8. 阻火器；9. 煤油储存罐；10. 过滤器；11. 煤油加热罐；12. 电磁阀；13. 热伴流燃烧器

甲烷/富氧空气预混混气预燃产生,甲烷纯度>99.8%,二者流量分别由 Bronkhorst 流量控制器控制,质量流量之比为 $m_{CH_4}/m_{oxidizer} = 1/25.9$。通过调节富氧空气中的氧气占比,可控制预燃热伴流中的剩余氧含量,本章中选取的富氧空气氧含量为 36.5%,这一数值是为了使预燃后的高温燃气内氧含量接近空气内氧气的质量分数(约 23%)。

热伴流燃烧器的内部结构如图 7-11 所示,热伴流直径为 170 mm,石膏孔板中心开孔以供直射喷嘴通过。由于航空煤油管路中的压损和高温煤油离开加热罐后的热量损失难以直接测得,在喷嘴出口前安装有压力传感器和 K 型热电偶。试验中在保持阀门开度不变的状态下,待压力传感器和热电偶的输出参数稳定后触发高速相机录制火焰图像,以传感器的温度和压力读数作为试验工况的参数。高速相机正对火焰拍摄,如图 7-12 所示,成像范围的下边缘略低于喷嘴出口平面。热电偶的误差范围为 ±1℃,压力传感器的精度为最大量程的 3%。加热罐至喷嘴之间的管道与阀门外沿程包裹有加热带,管道外壁面同样使用一个 K 型贴片热电偶测点进行温度监测,开阀之前保持较高水平的管壁温度,以减小沿程热量损失。

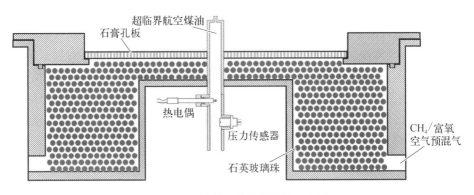

图 7-11 热伴流燃烧器结构示意图

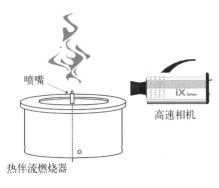

图 7-12 装有滤镜的相机拍摄位置

预混后的甲烷与富氧空气从对称的四路入口分别流入热伴流燃烧器腔体,腔体内装满直径 5 mm 的玻璃珠,这一设计一方面可以起到进一步加强掺混的作用,另一方面可有效地起到防止回火的作用。燃烧器出口处为一块圆形多孔石膏板,厚度为 8 mm,板上均布有直径 1 mm 的通孔,相邻小孔的中心间距为 2 mm,折算后整块孔板的孔隙率为 $e = 19.6\%$,对应的阻塞比为 $B = 80.4\%$。

这一孔板可同时起到对预混气整流和稳定预混气的作用。

　　试验中在点燃热伴流的情况下,开启电磁阀使预热和预压缩后的煤油经由直射喷嘴进入高温含氧热伴流环境中,经与伴流换热开始燃烧,燃烧时的火焰图像如图 7 - 13 所示,基于所得火焰形态图像可完成后续火焰扩张角、抬升高度等形态参量的计算。

　　此外,为验证伴流在水平高度上的温度均匀性,分别测量了两个水平高度上的伴流温度分布,定义喷嘴出口平面的高度为 $Z = 0$ mm,则热伴流出口平面的高度为 $Z = -40$ mm。测点的分布如图 7 - 14(a) 所示,由于喷嘴的存在,无法测得 $Z = -40$ mm 高度上热伴流最中心位置的温

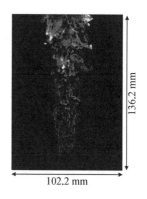

图 7 - 13　扩散火焰图像示例

度。测量结果如图 7 - 14(b) 所示,可见大部分测点温度均匀性较好。试验还比较了不同氧含量的预混燃气对伴流温度的影响,在预混气配比保持 $\dot{m}_{CH_4}/\dot{m}_{oxidizer} = 1/25.9$ 的情况下,随着富氧空气氧含量从 36.5% 上升至 60%,热伴流的平均温度区别不大,均为 1 020℃ 附近,说明在氧气过剩的情况下伴流温度主要受燃料量影响,氧含量为 36.5% 的工况中喷嘴出口平面以下 CH_4 已全部完成燃烧,伴流不会干扰煤油扩散火焰信号。

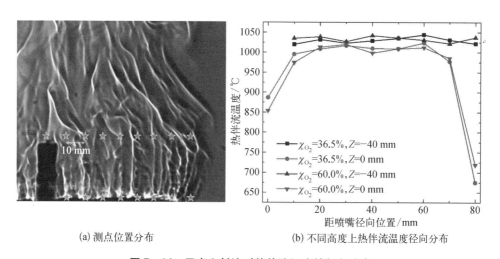

(a) 测点位置分布　　　　　(b) 不同高度上热伴流温度径向分布

图 7 - 14　无中心射流时热伴流温度的径向分布

7.3.1　超临界航空煤油热伴流环境中的近喷嘴射流结构

　　图 7 - 15 为喷射压力 3.4 MPa 时,煤油温度从 380℃ 上升至 450℃ 的过程中高温热伴流条件下近喷嘴处超临界煤油的阴影图像变化。图中所示区域处在后文所述的扩散火焰抬升高度以下,尚未有火焰产生。由图 7 - 15 可见,随着中心煤油射

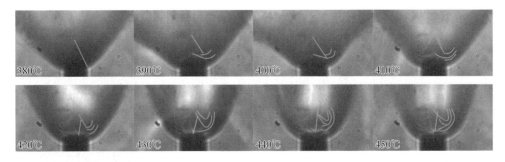

图7-15　喷射压力为3.4 MPa、煤油温度380~450℃热伴流条件下近喷嘴阴影图像

流温度的升高,一方面超临界煤油射流近喷嘴处阴影图像的透光率上升,标志着射流形态由接近液态的跨临界态逐渐转变为更接近气态的超临界态,且高透明区域的面积随煤油温度升高逐渐增大;另一方面,在近出口区域径向上分布的激波层数增多,结构复杂化,且向下游逐渐发展。这一现象对于射流扩张角效应的影响如

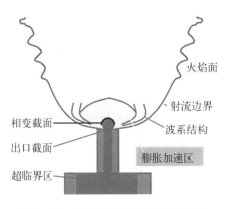

图7-16　超临界煤油近喷嘴射流结构

下:在煤油温度升高的过程中,波系结构向下游逐渐发展,钟形激波结构逐渐变得复杂,射流在径向上的膨胀受激波压缩效应抑制,造成了在近喷嘴处射流扩张角随煤油温度升高而减小的效应。参照阴影拍摄结果,可将近喷嘴出口的流场结构作如图7-16所示的划分,超临界态的煤油在喷嘴外的短暂区域内经过相变过程与膨胀加速过程后参与燃烧,同时膨胀加速过程还受到激波结构的限制,最终导致扩散火焰的扩张角随喷嘴前参数变化。

7.3.2　扩散火焰抬升高度的变化

　　火焰抬升高度是有着重要工程应用意义的一个物理量,了解不同工况下的火焰抬升高度,对于优化动力装置中的燃烧组织、提高点火成功率以及合理设计喷嘴附近的热防护等有着重要的参考意义。本章中火焰抬升高度的定义为火焰CH*信号出现的位置距喷嘴的高度。CH*是碳氢燃料燃烧过程中重要的中间产物,其自发光中心波长约为430 nm,性质比较活泼,寿命比较短,主要存在于反应区内极窄的区域,因此被广泛应用于火焰结构的研究当中。为排除火焰其他基团的化学自发光信号和火焰中可能存在的碳烟热辐射信号,试验中在相机前加装中心波长为430 nm的带通滤镜,滤除其余波长的信号。这一方法是获取火焰中特定基团分布的常用方法。

本章中火焰抬升高度的定义参考 Oldenhof 等[21]对火焰抬升高度的定义,即统计全部时刻火焰根部 CH＊信号出现的位置距喷嘴所在位置的高度值随时间的变化,之后找出某一个高度值,在此之上和之下的火焰根部高度分布概率均为 50%,这一高度值即定义为火焰的抬升高度。如图 7－17 所示,给出了喷射压力为 4.0 MPa、煤油温度为 440℃的工况下 0.2 s 内火焰瞬时抬升高度的变化,平均抬升高度在图中给出。

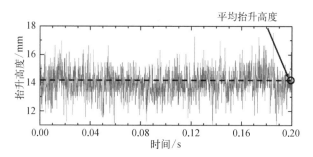

图 7－17　p_{fuel}＝**4. 0 MPa**、T_{fuel}＝**440℃工况中**
0. 2 s 内瞬时抬升高度的变化

基于射流火焰 CH＊信号对火焰抬升高度进行提取,结果如图 7－18 所示。从图中可以看出,相同煤油温度的工况下,随着喷射压力的增大,基于 CH＊信号所定义的超临界煤油扩散火焰抬升高度逐渐上升,火焰在更远离喷嘴的位置出现;而对比相同压力下的煤油射流,温度更高的煤油射流有着更大的抬升高度,此时火焰根部更远离喷嘴出口平面。

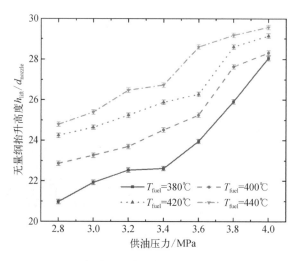

图 7－18　**超临界航空煤油热伴流射流火焰抬升**
高度随温度及压力变化情况

　　结合图 7 - 15 中的局部阴影结果和图 7 - 16 中对煤油射流结构的划分,以下对超临界 RP - 3 航空煤油射流火焰在热伴流环境中抬升高度随工况的变化给出解释:当煤油温度不变,提高煤油喷射压力时,由前文第 3 章中的图 3 - 7 与图 3 - 8 可以看出,压力的升高会显著提高直射喷嘴的煤油流量,同时出口处更高的密度使得出口煤油在高温热伴流环境中有着更强的膨胀加速效应,使得在近似相同的点火延迟时间(对应 CH * 基产生的时间尺度)内射流能够运动至距喷嘴出口平面更远的位置。

　　上述扩散火焰抬升高度随温度和压力的变化均可以根据工况参数对射流轴向速度与特征时间的影响来解释。射流需在点火延迟时间内完成自由基的积累并开始燃烧,因此理论模型中可将火焰抬升高度 h_{lift} 视为轴向速度与换热时间 t_{h} 以及点火延迟时间 t_{ig} 的关系:

$$h_{\mathrm{lift}} \propto U_z \cdot (t_{\mathrm{h}} + t_{\mathrm{ig}}) \tag{7-1}$$

　　当喷射压力上升时,一方面如图 3 - 7 与图 3 - 8 中的煤油射流流量所示,当煤油温度不变时,压力的升高会显著提高直射喷嘴的煤油流量,同时出口处更高的密度使得煤油在高温热伴流环境中有着更强的膨胀加速效应,使得在相同的点火延迟时间内能够朝向下游运动更远的距离,射流火焰抬升高度增大。而在不同煤油温度的工况下,伴流温度相同时受流量和黏度影响,煤油温度较低的工况有着更强的卷吸能力(这一结论将在 7.3.4 节中论述),中心射流在单位高度上能够卷吸更多的高温伴流,从而大大减小式(7 - 1)中换热时间 t_{h},相比之下在试验的温度范围内点火延迟时间 t_{ig} 的变化较小,故煤油温度较低的工况扩散火焰抬升高度下降。

7.3.3　扩散火焰扩张角的变化

　　积累超临界射流火焰的扩张角随喷嘴前参数变化的数据,在合理设计燃烧器尺寸、优化点火器设置以及合理设计燃烧器壁面的热防护方案等工程应用上有着重要的参考意义。本章中射流火焰扩张角的选取方式如图 7 - 19 所示:在距喷嘴的两个特定高度(研究中选取距喷嘴出口平面 $Z/d_{\mathrm{nozzle}} = 60$ 与 120,实际高度差值为 30 mm)上找出火焰时均信号的两侧边界点(分别为 A、B;C、D)。之后同侧上的两个边界点分别向喷嘴方向做延长线,相交于喷嘴前的某一虚源(virtual origin),两条延长线间的夹角即为射流火焰的扩张角。

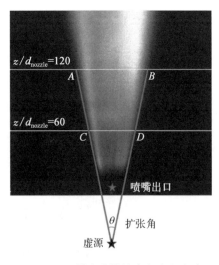

图 7 - 19　射流火焰扩张角定义方式

超临界 RP‐3 射流火焰的扩张角随工况参数的变化如图 7‐20 所示:可见煤油温度和喷射压力均高于临界点时,射流扩张角随温度的升高呈减小的趋势,而与喷射压力间无明显关系,这与扩散火焰抬升高度受供给参数的影响规律不同。

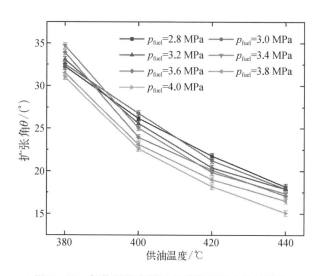

图 7‐20　超临界航空煤油热伴流射流火焰扩张角

射流火焰的火焰面分布是描述湍流燃烧速率[22]、反应速率[23]与火焰不稳定性[24, 25]的重要参数,体现了局部位置反应进度变量[26]和当量比[27]的分布。火焰面密度的计算方式参考 Zhang 等[28]提出的方法:对火焰图像提取外部轮廓。在空间上的每个像素点上,分别计算以这一像素点为几何中心的正方形微元(interrogation box)内火焰面轮廓曲线的长度,将这一区域内的曲线长度除以所选区域的二维面积即为单帧图像的火焰面密度,单位为 mm^{-1},其计算式如下:

$$\mathrm{FSD}_{2D} = \lim_{\Delta x \to 0} \frac{L_f}{\Delta x^2} \qquad (7-2)$$

式中,L_f 为正方形微元内火焰边界的总长度;Δx 为正方形微元的边长,研究中取为 5 个像素的长度。

图 7‐21 中即给出了对 $T_{fuel} = 420℃$,$p_{fuel} = 4.0\,\mathrm{MPa}$ 的工况统计 50 帧图像所得的火焰面密度分布示例。

考虑到这一分布受采样频率的影响,本章中火焰面密度的计算为对 1 s 内拍摄所得 10^4 帧图像综合处理所得,火焰面密度的单位为$(\mathrm{mm \cdot s})^{-1}$,所得各工况下火焰面分布如图 7‐22 所示,从图中可见火焰面密度的分布大致呈现对称分布,对称两侧的夹角同样可以反映出火焰扩张角的变化:火焰面两侧集中分布的区域所成

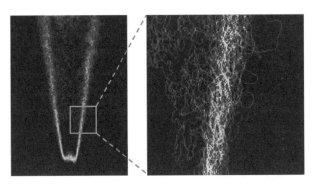

图 7 - 21 示例工况 50 帧图像火焰面密度提取

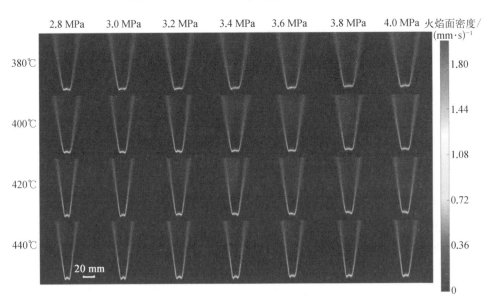

图 7 - 22 超临界航空煤油热伴流射流火焰面密度分布

夹角随着 T_{fuel} 升高逐渐减小。

分析射流火焰扩张角随工况参数的变化,一方面参照前文图 2 - 11 中的密度测量结果,相同压力下随着煤油温度的上升,煤油密度单调减小,这一效应会削弱近喷嘴处煤油膨胀加速。由于膨胀加速是欠膨胀射流产生径向速度的主要原因,故离开喷嘴后的 RP - 3 航空煤油射流的径向/轴向速度之比是随煤油温度的升高而减小的,使得射流火焰的扩张角减小。

结合 7.3 节中的近喷嘴阴影图像,可见随着煤油温度的升高,近喷嘴出口处的钟形激波变得更为复杂,射流在离开喷嘴后进行侧向膨胀的过程中,其径向加速流动会途经更多道激波,导致径向上的膨胀被抑制,最终造成膨胀终了时指向射流外缘的分速度偏小,即径向/轴向速度之比减小,射流火焰的扩张角减小。以上两种效应均会导致指向射流外缘速度的减小,同时也会导致射流卷吸能力下降,中心射流与外围热伴流间的物质与能量交换变弱,煤油无法被输送至距喷嘴中轴线更远的位置,从而导致了射流火焰扩张角的减小。

7.3.4　射流火焰卷吸层厚度的变化

超临界航空煤油射流对于外界环境中伴流及大气的卷吸会导致射流宽度的增大,不同喷嘴前参数的煤油射流卷吸能力会有所区别,这一区别同样会导致射流火焰扩张角的变化。图 7-23 比较了单相高速射流和有相变的超临界欠膨胀射流间的区别,可见超临界射流在离开喷嘴后会发生相变,相对于常压单相高速射流,后者的卷吸效应引发的外界气体与主流的混合是导致射流扩张角增大的主要原因,卷吸形成的指向射流内部的压力梯度会产生指向射流内部的速度,这甚至会在一定程度上抑制常压射流锥角的增大;而前者在受到卷吸效应影响、射流增宽的同时,由于相变使得主流离开喷嘴后有着径向向外的压力梯度,导致射流有着向外侧加速的分速度,这一指向外侧的分速度会加强卷吸效应。卷吸能力的区别在全局阴影的测量结果中可以有直观的体现:图 7-24 中列举了代表压力下的全局阴影时均图像示例,从图中可以看出,煤油温度越高的射流,其热伴流包覆的长度越大,说明随温度上升中心射流的卷吸能力下降。

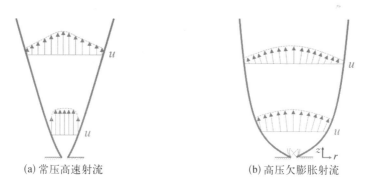

(a) 常压高速射流　　　　　　　　　(b) 高压欠膨胀射流

图 7-23　单相高速射流与有相变的超临界欠膨胀射流速度分布比较

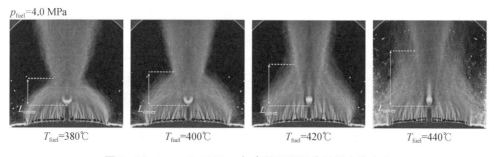

图 7-24　$p_{fuel} = 4.0$ MPa 时,全局阴影图像随温度的变化

为量化在射流中由于卷吸效应导致的厚度增大,以全局阴影的瞬时图像为基础,通过下式对连续变化的全局阴影图像做空间均方根运算:

$$\psi_{\mathrm{Var},x,y} = \sqrt{\Big(\sum_{t=1}^{N-1} (\psi_{x,y,t} - \psi_{x,y,t+1})^2 \Big) \big/ (N-1)} \qquad (7-3)$$

式中,N 为参与计算的瞬时图片总数;$\psi_{x,y,t}$ 为 t 时刻的图片 (x,y) 坐标处的灰度值;$\psi_{\mathrm{Var},x,y}$ 为图片 (x,y) 坐标上的灰度变化量。

可通过 $\psi_{\mathrm{Var},x,y}$ 的值提取受到中心煤油射流卷吸影响的高速射流区,与射流火焰信号比较,发现这一区域的宽度显著较火焰面信号为宽,即是射流沿程卷吸空气所致。将卷吸了沿程热伴流的中心射流宽度与相同高度上火焰宽度之差定义为卷吸层厚度,其物理意义为受到中心射流卷吸随着射流一起运动的外围空气,在图 7-25 中注明。选取喷射压力为 2.8 MPa 和 4.0 MPa 时的工况为代表工况,卷吸层厚度在流向高度上的发展过程如图 7-26 所示:随着射流沿程不断卷吸外界空气,射流宽度增

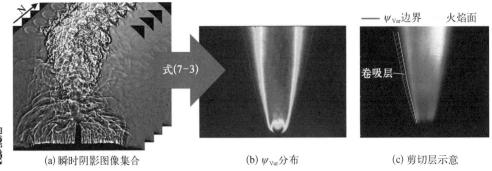

(a) 瞬时阴影图像集合　　　　　(b) ψ_{Var}分布　　　　　(c) 剪切层示意

图 7-25　基于全局阴影图像的中心射流提取与对应的卷吸层示意

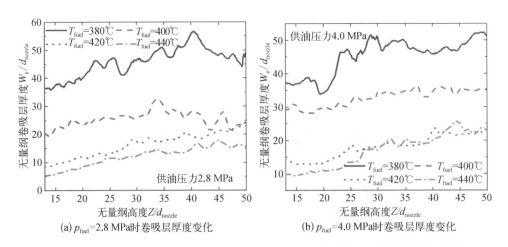

(a) p_{fuel}=2.8 MPa时卷吸层厚度变化　　　　　(b) p_{fuel}=4.0 MPa时卷吸层厚度变化

图 7-26　煤油喷射压力 2.8 MPa 和 4.0 MPa 工况下射流卷吸层厚度沿流向发展

大,卷吸层厚度随着向下游发展逐渐加厚;而对比不同煤油温度下的卷吸层厚度发展,可见当射流出射温度较低时,卷吸层的厚度是发展更快的,这与低温时煤油流量较大、黏性较高等有关;且在近喷嘴附近即累积了较厚的卷吸层,说明在近喷嘴处完成相变加速的高速射流区的卷吸能力是最强的,随着后续的射流宽度增大,中心射流与外界低速伴流的速度差降低,其卷吸能力逐渐下降;而对比不同喷射压力下的卷吸层发展,可见当煤油温度相同时,喷射压力的变化对卷吸层影响不大。此处选取了两个喷射压力工况下的卷吸层厚度变化,实际中各喷射压力工况下的卷吸层厚度均满足随煤油温度升高逐渐减小的规律,可见在中心射流出射温度较低时,由于卷吸空气导致的射流扩张角增宽效应更为显著,导致了低温时的煤油射流火焰有着更大的扩张角。

参考文献

[1]　Li L, Xie M, Wei W, et al. Numerical investigation on cryogenic liquid jet under transcritical and supercritical conditions[J]. Cryogenics, 2018, 89: 16 - 28.

[2]　Wei W, Qin W, Yue M, et al. Numerical investigation on fuel injection into a multicomponent gaseous environment under trans/supercritical condition[J]. Numerical Heat Transfer, Part A: Applications, 2019, 77(1): 33 - 50.

[3]　Chehroudi B, Talley D, Coy E. Visual characteristics and initial growth rates of round cryogenic jets at subcritical and supercritical pressures[J]. Physical Fluids, 2002, 14(2): 850 - 861.

[4]　Zong N, Meng H, Yang V. Cryogenic fluid injection and mixing at supercritical conditions [C]. Reno: 41st Aerospace Sciences Meeting and Exhibit, 2003.

[5]　Juniper M, Tripathi A, Scouflaire P, et al. Structure of cryogenic flames at elevated pressures [J]. Proceedings of Combustion Institute, 2000, 28(1): 1103 - 1109.

[6]　Juniper M, Tripathi A, Scouflaire P, et al. Turbulent combustion of sprays under supercritical conditions[C]. Kingston: IUTAM Symposium on Turbulent Mixing and Combustion, 2001.

[7]　Kang J, Sung H-G. Kerosene/GOx dynamic combustion characteristics in a mixing layer under supercritical conditions using the LES - FPV approach[J]. Fuel, 2017, 203: 579 - 590.

[8]　Mayer W, Tamura H. Propellant injection in a liquid oxygen/gaseous hydrogen rocket engine [J]. Journal of Propulsion and Power, 1996, 12(6): 1137 - 1147.

[9]　Segawa D, Kadota T, Nakainkyo A, et al. Effects of ambient pressure on autoignition of a fuel droplet in supercritical and microgravity environment[J]. Proceedings of the Combustion Institute, 2000, 28(1): 1063 - 1069.

[10]　Ma Z, Li Y, Li Z, et al. Evaporation and combustion characteristics of hydrocarbon fuel droplet in sub- and super-critical environments[J]. Fuel, 2018, 220: 763 - 768.

[11]　Segawa D, Kajikawa T, Kadota T. Transcritical phenomena of autoignited fuel droplet at high pressures under microgravity[J]. Microgravity Science and Technology, 2005, 17: 15 - 22.

[12]　Umemura A. Supercritical liquid fuel combustion [C]. Seattle: Twenty-first Symposium, (International) on Combustion/The Combustion Institute, 1986.

[13]　Kadota T, Hiroyasu H. Combustion of a fuel droplet in supercritical gaseous environments[J]. Symposium (International) on Combustion, 1981, 18(1): 275 - 282.

[14] Kadota T, Satoh K, Segawa D, et al. Autoignition and combustion of a fuel droplet in supercritical gaseous environments under microgravity[C]. Symposium (International) on Combustion, 1998, 27(2): 2595 - 2601.

[15] Faeth G M, Dominicis D P, Tulpinsky J F, et al. Supercritical bipropellant droplet combustion [J]. Symposium (International) on Combustion, 1969, 12(1): 9 - 18.

[16] Sato J, Tsue M, Niwa M, et al. Effects of natural convection on high-pressure Droplet Combustion[J]. Combustion and Flame, 1990, 82(2): 142 - 150.

[17] Sun M B, Zhong Z, Liang J H, et al. Experimental investigation on combustion performance of cavity-strut injection of supercritical kerosene in supersonic model combustor[J]. Acta Astronautica, 2016, 127: 112 - 119.

[18] Fan X, Yu G, Li J, et al. Performances of supersonic model combustors with distributed injection of supercritical kerosene[C]. Cincinnati: 43rd AIAA/ASME/SAE/ASEE Joint Propulsion Conference and Exhibit, 2007.

[19] Fan X, Yu G, Li J, et al. Combustion and ignition of thermally cracked kerosene in supersonic model combustors[J]. Journal of Propulsion and Power, 2007, 23(2): 317 - 324.

[20] 薛帅杰,杨岸龙,杨伟东,等.煤油同轴喷嘴超临界燃烧与火焰特性实验研究[J].推进技术,2015,36(9): 1281 - 1287.

[21] Oldenhof E, Tummers M J, van Veen E H, et al. Ignition kernel formation and lift-off behaviour of jet-in-hot-coflow flames[J]. Combustion and Flame, 2010, 157(6): 1167 - 1178.

[22] Bagdanavicius A, Bowen P J, Bradley D, et al. Stretch rate effects and flame surface densities in premixed turbulent combustion up to 1. 25 MPa[J]. Combustion and Flame, 2015, 162(11): 4158 - 4166.

[23] Zhang M, Wang J, Jin W, et al. Estimation of 3D flame surface density and global fuel consumption rate from 2D PLIF images of turbulent premixed flame[J]. Combustion and Flame, 2015, 162(5): 2087 - 2097.

[24] Lamioni R, Lapenna P E, Troiani G, et al. Strain rates, flow patterns and flame surface densities in hydrodynamically unstable, weakly turbulent premixed flames[J]. Proceedings of the Combustion Institute, 2019, 37(2): 1815 - 1822.

[25] Bradley D, Gaskell P H, Gu X, et al. Jet flame heights, lift-off distances, and mean flame surface density for extensive ranges of fuels and flow rates[J]. Combustion and Flame, 2016, 164: 400 - 409.

[26] Jainski C, Rißmann M, Böhm B, et al. Experimental investigation of flame surface density and mean reaction rate during flame-wall interaction[J]. Proceedings of the Combustion Institute, 2017, 36(2): 1827 - 1834.

[27] Sweeney M S, Hochgreb S, Dunn M J, et al. A comparative analysis of flame surface density metrics in premixed and stratified flames[J]. Proceedings of the Combustion Institute, 2011, 33(1): 1419 - 1427.

[28] Zhang W, Wang J, Lin W, et al. Measurements on flame structure of bluff body and swirl stabilized premixed flames close to blow-off[J]. Experimental Thermal and Fluid Science, 2019, 104: 15 - 25.

第8章
超临界航空煤油在发动机中的应用研究

本章介绍了超临界航空煤油在航空发动机、冲压发动机以及内燃机中应用的前景和挑战,试验验证了将超临界航空煤油应用于脉冲爆震火箭发动机中产生的性能提升效果。

8.1 超临界航空煤油在航空发动机中的应用分析

8.1.1 应用背景

超声速巡航能力、高机动性等是高性能飞行器追求的目标,而飞行器的发展则对配套的动力装置提出了更高的需求。航空发动机的性能提升主要体现在更高的比冲与更大的推重比上,二者又都与热力循环效率有关。从图8-1所示的布雷顿循环示功图可以看出,为提高航空发动机的热力循环效率,一方面可提高压气机的总增压比,另一方面可从提高燃烧室温升入手。

随着压气机增压比的提高,燃烧室入口总压也在不断提升,气流由压气机流入燃烧室时,其温度和压力有望分别超过900 K和4 MPa,燃烧室内会出现"超临界"环境;而燃烧室温升的提高将对燃烧室后涡轮热端部件的冷却提出更为严峻的挑战,仅靠提升材料耐热极限已远不足以应对这一挑战,亟须进一步挖掘新型冷却方式的潜力。

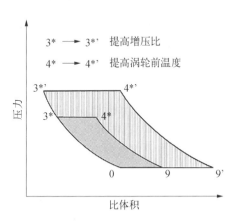

图8-1 布雷顿循环示功图

近年来,利用航空发动机外涵空气、航空燃料作为冷源降低涡轮冷却空气温度来提高冷却空气冷却裕度[1,2]的思想得到了更多的关注,这一方案被称为"预冷冷却空气"(cooled cooling air,CCA)方案。航空发动机CCA冷却方式主要分为两种:一种是使用外涵空气-冷却空气换热器(简称空-空换热器),在航空发动机外涵道中以外涵空气对冷却气体进行降温;另一种是在航空发动机中使用空气-煤油换热器(简称空-油换热器)(图 8-2),利用发动机携带的航空煤油对冷却气体进行降温。航空煤油有着较高的热沉与冷却裕度,使得以煤油作为冷却工质的 CCA技术成为研究者们关注的焦点。

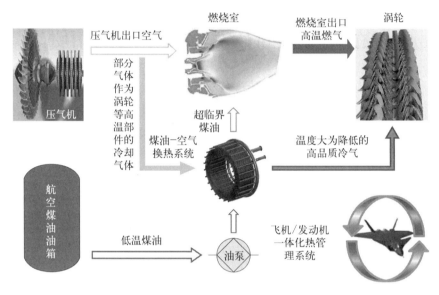

图 8-2   "预冷冷却空气"冷却系统设计方案示意图

研究表明[3],利用空气-煤油换热器可以获得更大的性能提升。另一方面,采用空气-煤油换热器后,煤油吸热使压气机中引出的气体温度降低,吸热裕度上升,同时煤油在换热器中由常温亚临界态被加热至超临界态;由于燃烧室内压力较高,需要更高的供油压力,故航空煤油在喷入燃烧室之前已经达到超临界态,在喷入燃烧室后进行超临界燃烧。超临界燃油不仅保留了液态碳氢燃料较高的能量密度,还由于其"类气态特性",可以快速掺混燃烧,所以将超临界燃油应用于高性能动力装置中具有诸多理论优势[4]。

8.1.2   超临界态航空煤油的应用

对于以航空发动机为背景的超临界燃烧试验研究[5,6],目前较少见诸报道。理论上说,当煤油处于超临界态时,燃烧室中的燃烧就变为与常规亚临界燃烧区别较大的"超临界燃烧",此时着火特性、火焰稳定特性、燃烧特性等基础性问题已与亚临界工况下不同,此外还涉及如何实现燃烧室内超临界煤油的高效燃烧及燃烧组织技术等工程应用问题。在相应的燃油喷射、蒸发及混合机理、燃烧室内部气动流型基本规律及燃烧组织方案设计、污染排放的生成与控制机理等尚不清楚的情况下,开展深入系统的理论基础研究是很有必要的。

超临界态燃料的物性和亚临界完全不同,其火焰结构以及燃烧特性亟待深入研究,而且,超临界燃油对燃烧室性能增益的试验研究目前国内外仍鲜有报道。为推进超临界煤油在燃烧室上的工程应用,仍需要借鉴先进航空发动机高温升燃烧室的燃油分级、燃烧分区以及高效壁面冷却等思想,设计新型的超临界燃烧室。

目前,对于高温升燃烧室而言,先进的燃烧组织方法主要有:分级分区燃烧组织、多旋流和复合雾化燃烧以及非常规的燃烧室概念。分级分区燃烧组织技术是高温升燃烧室的核心技术,通常是将燃油进行分级,使之分别与不同的流场结构匹配,以形成不同的燃烧区域,并在不同的工况条件下对应不同的燃烧组织方式,以拓宽高温升燃烧室的稳定工作范围。多旋流和复合雾化技术通过改善回流区结构、提升雾化效果,实现恰当的油气匹配,从而提高燃烧性能。非常规的燃烧室概念则采用了全新的构型设计理念,如美国空军研发的驻涡燃烧室(trapped vortex combustor, TVC)和超紧凑燃烧室(ultra-compact combustor, UCC)。目前针对燃烧组织的研究主要采用燃烧分级分区、多旋流和复合雾化燃烧技术相结合的方法,主要研究对象包括旋流器结构、燃烧分级方式、喷嘴结构等。在旋流器结构设计方面,主要研究参数包括旋流器结构类型、旋流器各级流量分配、旋流器旋向(顺/逆时针)、旋流角度、文氏管、套筒、出口结构等。在燃烧分级方面,主要研究对象包括分级方式(周向/轴向/径向/中心分级)、燃油流量分配、转级过程及其稳定性等。在研究方法方面,随着计算流体力学的快速发展,利用 Fluent、STAR‐CD、CFX 等商业软件对燃烧室内的流动与燃烧过程进行数值模拟,已经成为开展燃烧室方案设计与优化的重要科学途径。

高温升燃烧室的分级分区燃烧技术以及多旋流和复合雾化燃烧技术设计均遵循燃油分级、燃烧分区的思想,高温升燃烧室油气比较高,分级燃烧有助于高温升燃烧室在更宽广油气比工况范围稳定工作。在燃烧合理分区的前提下,主燃区较高的气流占比能提供更高的燃烧效率以及较低的燃烧冒烟水平。同时更高的油气比导致了冷却可用气量的下降,因此需要更先进的冷却方式。而为满足亚/超临界燃烧室出口温度较高的特性,相应的需提高燃烧室的总油气比,而这一提升又会使得燃烧室的工况变化范围相应变宽。综上所述,为满足燃烧室在各个工况下最佳的燃油喷射—掺混—燃烧需求,同时保证燃烧室宽工况范围内的燃烧稳定性,分级燃烧技术是较好的解决方案之一。但是现阶段的级间油气分配方案与喷射掺混形式是否适用于超临界燃油,还需要进一步研究。同时,主燃级喷射、回流区规划以及燃烧组织方案等均需要重新设计,以得出适用于超临界喷射燃烧的方案,实现超临界航空煤油高效稳定燃烧。

目前,比较先进的高温升燃烧室包括 Mellor 高温升燃烧室[7,8]、TVC[9-12]以及 UCC[13]、Mongia 超高温升燃烧室[14-17]等。Mongia 团队研究的超高温升燃烧室[14-17]温升接近 1 700 K,虽然其仍采用常规亚临界煤油供给方案,且燃烧室压力也未达到超临界压力,但其高温升特点仍可为超临界燃烧室的设计提供方案参考。

8.1.3 超临界态航空煤油应用的挑战

超临界态煤油射流物性已接近高密度气体燃料,其燃烧特性及燃烧组织要求迥异于常规煤油的燃烧,而是要以一种全新的视角来通盘考虑燃烧室的设计工作。例如,发动机在宽工况范围内如何使喷射与掺混结构既满足亚/跨临界状态煤油的喷射雾化性能,又能兼顾高密度超临界态煤油喷射时的扩散与混合效果?考虑到超临界煤油射流贯穿距短的特点,应以何种气动结构布局形成回流区来保持火焰稳定?如何解决参与燃烧的空气占比增加,同时所需冷却气量也应增大的矛盾?上述问题均可归结到一个关键难点,即"超临界燃油在航空发动机燃烧室中的燃烧组织"问题,这涉及头部结构、油气混合、气流分配、火焰稳定等诸多方面,既要能充分发挥超临界燃油燃烧释热率高、燃烧效率高和出口温度场均匀的优势,又要保证燃烧室内的部件得到良好的冷却,实现长时稳定工作。

对于采用超临界煤油的燃烧室,燃油喷射在发动机正常工况(超临界喷射)和低工况下(亚临界喷射)所处状态不同。对于亚临界煤油喷射雾化混合的研究已有大量报道,对雾化机理的认识及工程设计准则相对成熟,掌握了喷射核心长度、扩张角、混合效率等射流形态随工况参数的变化规律;然而,对于航空煤油而言,在跨临界或超临界条件下,其物性随温度和压力的变化极为敏感,复杂的成分也造成了临界区间内物性数据的缺失,这给喷射与掺混的研究造成了挑战。

另外,从喷射与掺混的试验研究来看,单一构型的喷嘴无法同时满足亚临界和超临界两种状态的流体喷射条件,采用单一喷嘴形式、变几何结构的喷嘴形式还是某几种喷嘴的组合形式才适用于跨临界煤油的高效喷射与混合,至今没有明确的研究结论,对于将超临界煤油应用于航空发动机上进行燃烧组织的研究同样未有报道。未来燃烧室要兼顾发动机低工况下的常规燃烧和正常工况下的超临界燃烧,这大大增加了燃烧室的设计难度。此外,在超高温升燃烧室的冷却技术方面也少见相关研究。

综上所述,将超临界航空煤油应用到航空发动机燃烧室内,采用何种喷射混合方式、如何组织燃烧以及壁面等冷却方式等问题亟须开展深入研究。

8.2 超临界航空煤油在冲压发动机中的应用分析

发展高马赫数飞行器($Ma>5$)是军用航空航天领域重要的战略发展方向之一,是人类追求更快飞行速度的里程碑节点。作为飞行器的心脏,吸气式发动机经历了从低速的涡轮发动机(一般 $Ma<3$)到高速的亚燃冲压发动机(一般 $Ma<5$),然后

向高马赫数的超燃冲压发动机(一般 $Ma>5$)发展的过程,后续将向着涡轮基组合循环发动机或者火箭基组合循环发动机方向发展。现阶段组合动力式高马赫数飞行器在高马赫数阶段均选用超燃冲压发动机作为动力形式,而在高马赫数飞行时,随着飞行马赫数和巡航时间的提升,超燃冲压发动机所要承受的热环境更加恶劣,热防护面临的挑战也越来越突出[18-20],热防护成为吸气式高马赫数飞行器的关键技术难题。高马赫数飞行器的热防护包括其表面热防护、电子元器件冷却以及发动机热防护。由于发动机内面临着严重的滞止热效应和燃烧释热,使得发动机部件的冷却问题尤为突出,热防护措施是必不可少的。在热沉式热防护、烧蚀式热防护、气膜冷却、发汗冷却、再生冷却等诸多热防护措施中,以煤油作为冷却剂的再生冷却受到了广泛关注。

相比于其他热防护方式,采用煤油进行再生冷却在以下三个方面具有显著优势:一是能量利用效率高。煤油流经壁面,吸收壁面辐射和传导的热量,一方面降低了壁面温度,另一方面将热量重新带入燃烧室,提高了热力循环效率;二是能够有效改善点火与燃烧性能,超声速来流静温及静压均较低,而流速较高,要实现稳定的点火与燃烧比较困难;而煤油经过再生冷却通道预热后,分解为较高温度的气态小分子产物,有利于发动机的点火启动、稳定燃烧过程及燃烧效率的提高;三是煤油在被用作冷却工质时,除了本身的物理热沉外,还会发生裂解等化学反应产生化学热沉,冷却能力较强,并且相对于被动热防护,再生冷却能够实现近似稳态的热平衡,这是满足发动机长时间工作需要的必备条件。

然而,采用煤油进行再生冷却时也面临诸多挑战。一方面,再生冷却通道内煤油的压力通常高于其临界压力,当吸热升温后,温度也将超过其临界温度,因此煤油将由液态变为超临界态,超临界流体在临界点附近的剧烈变化的物性都将使得超临界流体的流动、传热特性相较液态或气态流体更为复杂。另一方面,煤油在较高温度时会发生裂解反应,裂解生成的结焦在管道内沉积形成积碳将给发动机的供应系统带来严重影响,导致局部传热恶化、供应管路堵塞等不良后果。一般压力越大,积碳结焦越严重。针对这一问题目前在超燃冲压发动机主动热防护领域常采用的方案为,对整个再生冷却方案进行更精细化的分段设计,在低温段采用超临界压力,以避免低压下的膜态沸腾导致的传热恶化;在高温裂解段采用亚临界压力,以减少积碳结焦。这一方案尽管可起到抑制结焦的作用,但再生冷却通道内煤油会以多种形式同时存在,多相流的流动、传热特性颇为复杂,带来了极大的技术难题。

高速推进再生冷却进一步的发展[21]需要引入跨领域的新技术和新思想,打破现有的体系。在现有的再生冷却技术上,主要是开发更高密度更高热沉的新型燃料以及新型的低阻强化换热技术。此外,再生冷却与其他冷却方式的结合在更高的马赫数下极具潜力,再生冷却与气膜冷却、再生冷却与发汗冷却的组合是未来提升再生冷却能力的重要手段,而主被动复合冷却技术也是现有再生冷却技术的重要可选项。综上所述,超临界燃烧在冲压发动机中有着广阔的应用前景。

8.3 超临界燃油在内燃机中的应用分析

中国于 2020 年 9 月明确提出 2030 年实现"碳达峰"与 2060 年实现"碳中和"的目标,内燃机清洁燃烧和提高内燃机排放性能成了当前的研究热点。当前内燃机仍然是提供乘用车和商用车动力的主要设备,提高内燃机的燃油的经济性和燃烧及排放性能是内燃机研究领域的热点问题,也是节能减排工作的关键所在。从最初的以照明瓦斯作为燃料的内燃机到现在普遍应用的缸内增压直喷发动机,学者们就一直在寻求提升动力装置动力性能和排放性能的方法。随着环境污染越来越严重,环保法规日趋严格,这促使研究者与制造商为开发出高效、低污染的发动机而进行着不懈的努力。

内燃机主要分为以汽油机为代表的火花点燃式内燃机和以柴油机为代表的压燃式内燃机。这两种内燃机的区别主要在于使用的燃油特性不同,由此造成了燃烧方式、压缩比、燃油经济性、排放性能和振动、噪声等方面的差异。汽油机的燃烧方式属于预混均质燃烧,燃烧过程由火花塞点火引燃燃料并向周边传播直至充满燃烧室。燃烧相位由火花塞点火时刻决定,而放热速率由火焰传播速度决定。由于汽油有着更高的活性,因此汽油机压缩比较低,热效率也相对较低。柴油机的燃烧方式属于喷雾式扩散燃烧,内燃机活塞接近压缩上止点时使被压缩的高温混合气自燃着火,放热速率由燃油与空气的混合速率决定。柴油机内燃料的喷射过程包括液滴形成、碰撞、破碎、雾化和蒸发扩散等过程,由于燃料与空气混合时间短,且燃料在空气中扩散速率较慢,易造成燃料与空气混合不均,导致柴油机在燃烧过程中碳烟含量显著升高。因此,对于柴油机而言,如何降低污染物排放成了当前亟待解决的问题。针对汽油机热效率低以及柴油机污染物排放高的问题,大量新型技术相继提出[22,23]。

在发动机运行过程中,由于活塞做连续的往返运动,在燃烧室中很容易形成高温高压的缸内环境,燃油在活塞运动到上止点附近时喷入气缸内,此时缸内处于一种高温高压的环境,该环境的温度压力值已超过燃料的临界点,这一环境下进行的燃烧过程可被称为超临界燃烧过程。

超临界内燃机是指超临界态的燃料喷入气缸内并能够维持超临界状态,由于超临界燃料表面张力小、黏性小、扩散系数大,在燃油扩散燃烧过程中燃油可以与空气快速混合,提高内燃机缸内的燃料分布均匀性,使燃料燃烧更为充分。而且超临界态燃料本身无相变,可在超临界状态下直接与缸内空气进行混合,加速了缸内混合气形成,使燃烧开始时刻缸内燃料与空气混合更加均匀,有利于预混燃烧的进行,提高燃烧效率。此外,在超临界内燃机的扩散燃烧阶段,由于超临界条件下燃油的扩散系数大,与空气混合较快,使扩散燃烧阶段缸内反应物浓度更加均匀,提高扩散燃烧阶段的燃烧效率。另外,超临界内燃机可以结合缸内晚喷技术将燃油喷射时间推迟到燃烧效率最佳的时间,进一步控制燃烧过程,从而减少燃烧过程中污染物的排放量,优化发动机的燃烧及排放性能。

同时,将超临界燃料应用于内燃机时,考虑到不同燃料的临界点不同,燃料选择也是影响内燃机性能的重要因素。相较于柴油,汽油具有更好的挥发性,但其自燃点比柴油高,在低负荷内燃机压缩过程中不易发生自燃;而柴油的自燃性好,在高压缩比的环境下极易自燃,但是柴油的挥发性比较差,很难形成均匀混合气。因此,采用双燃料和多燃料也被认为是提升内燃机燃烧性能的有效手段,研究者[24-26]提出了汽油-柴油、柴油-天然气等双燃料发动机的设想并进行了试验研究。用柴油作为点火源去点燃均质天然气的燃烧方式,试验结果显示柴油有较好的着火性能,喷入缸内后点燃了天然气均质混合气,实现了双燃料内燃机的有效运转。

目前,对于超临界燃料在内燃机中工程应用的难点主要包括:一是超临界燃料的产生问题,目前尚未有以内燃机为背景的换热器设计来预热燃油;二是碳氢燃料在超临界条件下易结焦,造成燃油管路及喷嘴等堵塞,这对于期望长期使用的内燃机更是不可接受的;三是燃油超临界喷射的油气混合过程与亚临界燃料有较大的差异,而内燃机中的脉动喷射又与航空发动机不同,喷射过程有待进一步深入研究;四是内燃机燃烧反应过程较短,同时环境压力较高,超临界燃料燃烧机理尚不明确,其燃烧控制方法及燃烧组织策略等有待进一步深入研究。

综上所述,对于超临界燃料在内燃机中的应用,目前还处于试验探究阶段。针对汽车发动机内的超临界喷雾、蒸发和燃烧过程的相关研究很少,对于超临界燃料喷射过程研究大都集中在亚临界燃料喷射进入超临界环境;对于超临界燃烧过程的研究也主要集中在超临界液滴的蒸发及燃烧过程,而多束的超临界燃料蒸发、燃烧过程及超临界状态下燃料的化学反应动力学等相关研究较少。

8.4　超临界煤油在脉冲爆震火箭发动机中应用的试验研究

8.4.1　脉冲爆震发动机简介

自然界存在两种形式的燃烧波:缓燃波与爆震波[27,28]。缓燃波[29,30]通常以相对低的速度向未燃混合物传播,大多数碳氢燃料与空气预混后的火焰传播速度为每秒几米至十几米,主要受层流或湍流的质量与热量扩散控制,可近似认为是等压过程。爆震波[31,32]可看作是由以超声速运动的激波和紧跟其后的厚度比激波厚得多的化学反应区组成,前导激波类似于气动活塞,对新鲜混气进行预压缩,使反应物的温度和压力迅速提高,达到反应物自燃条件,激发燃料和氧化剂发生剧烈的化学反应,释放能量以支持前导激波的高速自持传播。爆震波通常以每秒几千米的速度向未燃混合物传播,其能产生极高的燃气峰值压力($15 \sim 55$ atm)和燃气温度(大于 $2\,800$ K)。爆震极快的释热速度使得爆震燃烧过程接近于等容燃烧,加上较低的熵增,相对于等压燃烧具有更高的热效率;另外,爆震可以实现自增压,可省去笨重复杂的压气机和涡轮泵等增压部件,大大简化了发动机结构。综上所述,爆震发动机具有热效率高和结构简单等潜在优势。

因此,为发展更高性能的动力装置,基于爆震燃烧方式的爆震发动机概念引起了各国研究者的极大兴趣。自从将爆震应用于推进系统的概念诞生以来,人们主要针对脉冲爆震发动机(pulse detonation engine, PDE)、驻定爆震发动机(standing detonation engine, SDE)和旋转爆震发动机(rotating detonation engine, RDE)开展研究。21 世纪以来,又先后有研究人员提出了多模态爆震组合发动机、微爆震动力等概念。这些发动机的发展状态及技术成熟度虽然各不相同,但经性能分析或初步试验验证后,均被认为是可行且极具发展潜力的。

PDE 是一种利用脉冲式的爆震波产生推力的装置,根据是否携带氧化剂,可以分为吸气式脉冲爆震发动机(air-breathing pulse detonation engine, APDE)和脉冲爆震火箭发动机(pulse detonation rocket engine, PDRE)。PDE 的工作循环如图 8 - 3 所示,主要包括以下几个过程:填充反应物、点火、爆燃向爆震转变(deflagration to detonation transition, DDT)、爆震波传播过程以及排气过程。

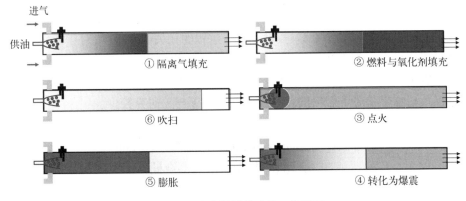

图 8 - 3　脉冲爆震发动机工作循环

8.4.2　不同温度煤油雾化特性

试验采用较为成熟的 PDRE 工作模态,采用缩进式同轴喷嘴供给超临界煤油和氧化剂。为了分析 PDRE 在不同煤油供给形态下的发动机工作性能,首先通过试验观测了煤油状态不同时的雾化和掺混射流结构,图 8－4 分别是所采用的直射喷嘴在常温煤油和超临界煤油在相同供给和掺混气流参数下的阴影图像。

(a) 常温煤油　　　　　　　　　　(b) 超临界态煤油

图 8－4　采用不同状态的煤油时 PDRE 头部雾化形态的对比

由图 8－4 可知,在常温煤油的掺混射流中煤油主要集中于喷嘴出口附近,射流下游的煤油浓度降低,导致采用常温煤油的 PDRE 中的煤油浓度分布不够均匀,爆震管中不同位置截面处煤油 SMD 的变化规律如图 8－5 所示,不同位置截面处的煤油无量纲流量如图 8－6 所示,各工况流量均以 $X=50$ mm 处的流量进行无量纲化。可以发现,对于常温液态煤油,爆震管下游的煤油粒径逐渐增大,燃料的输运流量逐渐减小,故爆震管中会出现头部富油而尾部贫油的填充结果。而对于超临界煤油,其表面张力消失,扩散系数和输运能力大大增强,使得掺混射流的组分分布更为均匀。同时,超临界煤油的射流掺混过程更接近于气态掺混,射流的总压

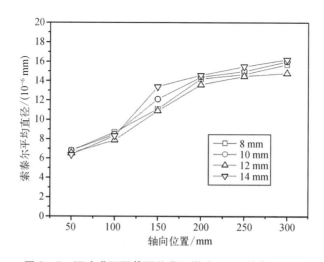

图 8－5　距喷嘴不同截面处常温煤油 SMD 的变化规律

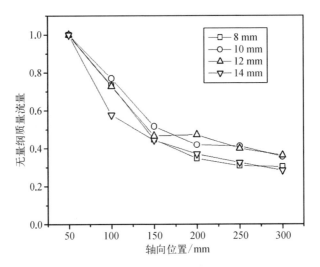

图 8 - 6　距喷嘴不同截面处的煤油流量

损失小,穿透距离长,使得煤油能够更快地被输运至爆震管的不同位置。此外,超临界掺混射流的上游温度较高,相当于在发动机头部填充了高密度的气态可爆混合物,有利于缩短点火延迟时间。

8.4.3　对发动机工作稳定性的影响

试验采用直径为 0.4 mm 的煤油喷嘴,保持煤油供给压力恒为 3.0 MPa,研究了煤油温度逐渐升高至超临界温度时发动机的工作特性,在加热煤油的过程中保持氧化剂和隔离介质的供给压力和流量不变,试验的供给工况如表 8 - 1 所示。

表 8 - 1　氧化剂和隔离介质的供给压力(恒定煤油压力)

工 作 频 率	煤油供给压力	氧化剂供给压力	隔离介质供给压力
10 Hz		0.55 MPa	
15 Hz	3.0 MPa	0.60 MPa	1.0 MPa
20 Hz		0.75 MPa	

图 8 - 7 对比了当 PDRE 工作频率分别为 10 Hz、15 Hz 和 20 Hz 时常温液态煤油和 450℃ 超临界煤油的工作性能。

可以发现,三种频率下采用超临界煤油的 PDRE 工作状态更为平稳,爆震波的峰值压力更为稳定,尤其是当工作频率为 15 Hz 和 20 Hz 时最为显著。此时,超临

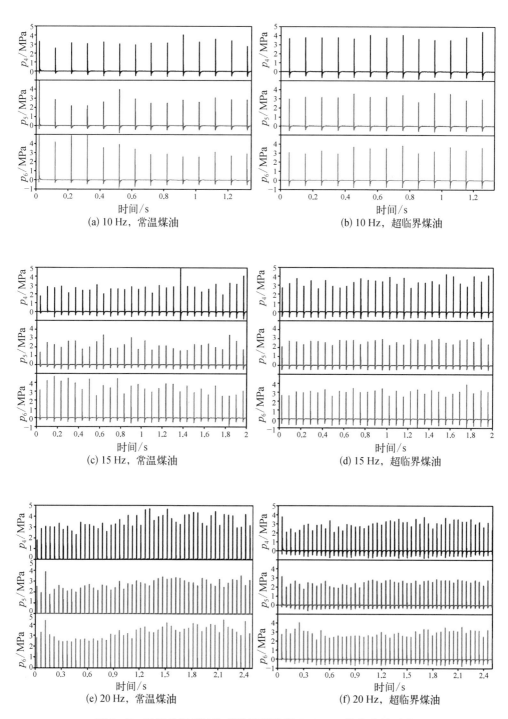

(a) 10 Hz，常温煤油 (b) 10 Hz，超临界煤油

(c) 15 Hz，常温煤油 (d) 15 Hz，超临界煤油

(e) 20 Hz，常温煤油 (f) 20 Hz，超临界煤油

图 8－7　采用常温煤油和超临界煤油的 PDRE 工作稳定性对比

界煤油对发动机工作稳定性的提升主要源于其对雾化性能的改善,使得发动机每一个工作循环的填充和起爆状态都相对稳定。而对于液态煤油,当频率提高时,液态燃料的雾化掺混时间缩短,掺混的不均匀性加剧,从而造成了爆震波峰值的压力波动。

为了进一步证明采用超临界煤油时 PDRE 工作性能的稳定性,图 8-8 是未对 PDRE 头部连接管路进行保温时,发动机以 15 Hz 频率工作时的压力波形图。由于此时发动机头部的连接管路中存有少量的冷态煤油,发动机工作初始阶段的燃料为冷态煤油,直到高温煤油进入头部后才逐渐以超临界态燃料工作。可以发现,PDRE 工作初期的爆震波平均压力峰值稍高于后期,但此时的压力波形参差不齐,PDRE 的工作稳定性较差,此处爆震波压力峰值较高的原因有二,一方面是冷态煤油相比超临界煤油的 CJ 理论爆震压力较高,另一方面是以冷态煤油工作时的煤油当量比更高。当超临界煤油进入发动机后,爆震波的峰值压力虽然稍有降低,但压力峰值的波动显著减小,说明了超临界煤油对 PDRE 工作稳定性的显著提升作用。因此,为了消除连接管内冷态煤油对发动机工作初期和推力计算过程的影响,试验中必须对头部连接管进行加热和保温处理。

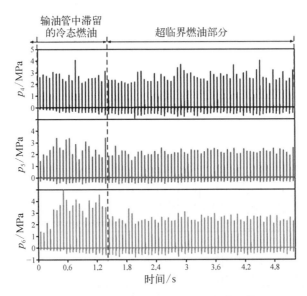

图 8-8　工作频率为 15 Hz 时冷态煤油转为
超临界煤油过程的爆震波形变化

8.4.4　对发动机推力和比冲的影响

图 8-9 是 3.0 MPa 煤油供给压力下的发动机推力随煤油温度升高的变化规律,可以看出,PDRE 高频工作时的平均推力稍高于低频工作状态,随着煤油温度

的升高,发动机的推力呈先增大后减小的趋势,当煤油温度升高至超临界温度,发动机推力的最大降幅达到约 25.92%。

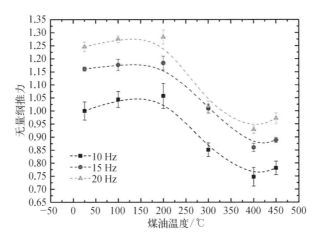

图 8-9　煤油供给压力为 3.0 MPa 时的发动机推力随煤油温度的变化

经过分析认为,发动机推力在煤油初始升温阶段的提高主要是由于液态煤油雾化性能的改善,而之后发动机的推力降低主要是由煤油供给流量降低所引起的。为了证明这一结论,对不同温度下的煤油流量进行了试验测量,结果如图 8-10 所示。可以发现,随着煤油温度的升高,煤油流量在 250~350℃ 之间出现迅速下降,此区间刚好与发动机推力的速降区间吻合,从而证明了上述结论。另外,当煤油温度继续升高至 400℃ 以上时,相同供给压力下的流量将降低至常温时流

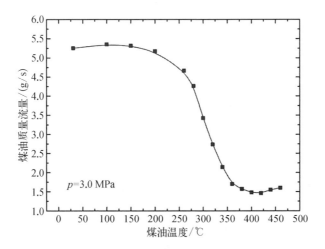

图 8-10　煤油供给压力为 3.0 MPa 时的发动机煤油流量随温度的变化

量的 30% 左右。

　　通过分析图 8-9 所对应的发动机工作过程中的瞬态推力变化也可看出发动机推力受煤油流量降低的影响,如图 8-11 所示。可以看出,随着冷态煤油向超临界态煤油的过渡,发动机的瞬态推力缓慢下降并逐渐趋于稳定。因此,在煤油供给压力不变的情况下,煤油过度加温对发动机推力的影响是负面的。

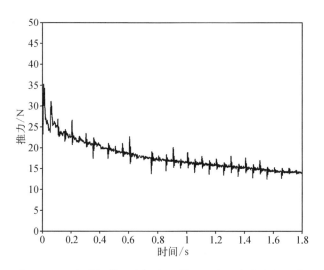

图 8-11　发动机的瞬态推力随煤油温度升高的变化规律

　　除推力外,比冲也是 PDRE 性能计算中另一个常用的重要指标,它体现着发动机的经济性。比冲包括混合物比冲和燃料比冲,其计算公式如下式所示。

$$I_{sp} = \frac{F_{avg}}{(\bar{m}_{O_2} + \bar{m}_{fuel})g} \tag{8-1}$$

$$I_{sp\text{-}fuel} = \frac{F_{avg}}{\bar{m}_{fuel} \cdot g} \tag{8-2}$$

式中,g 为当地的重力加速度;F_{avg} 代表发动机的平均推力;$\bar{m}_{O_2}$ 代表氧化剂的流量;$\bar{m}_{fuel}$ 代表燃料的流量;试验中的氧化剂流量可以通过集气法进行测量。

　　图 8-12 和图 8-13 分别是 3.0 MPa 煤油供给压力下 PDRE 的混合物比冲和燃料比冲随煤油温度升高的变化规律。可以看出,随着煤油温度的提高,发动机的比冲单调升高,尤其当煤油温度超过 300℃以后,发动机的混合物和燃料比冲均快速增加,其中混合物比冲的最大增幅约为 15.14%,燃料比冲的最大增幅高达169.67%。当煤油温度低于 300℃时发动机的煤油流量变化较小,比冲的提高主要得益于发动机推力的增高,而当煤油温度高于 300℃时,发动机的推力显著降低,此时发动机的比冲提高主要得益于煤油的高效燃烧。其中,燃料比冲大幅提高是

由于超临界煤油的类气体性质使得爆震能够在短距离内形成,从而促使更大比例的煤油参与更为高效的爆震燃烧,发动机循环效率增大,从而产生了更大的有效推力。而液态煤油却由于雾化效果的限制,DDT 所需距离较长,部分燃料在爆震管内未能完全燃烧,而当燃烧在发动机外进行时,燃料的热值便无法转化为发动机的有效推力。

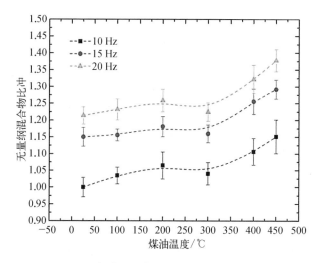

图 8‑12　发动机混合物比冲随煤油温度的变化

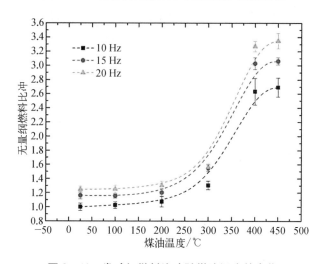

图 8‑13　发动机燃料比冲随煤油温度的变化

为了证明超临界煤油的高效燃烧特性,试验中采用了 Phantom V7.2 高速摄影机对 15 Hz 工作频率下的常温煤油和超临界煤油的排气羽流进行了拍摄,采样频率为 5 000 fps,结果如表 8‑2 所示。

表 8 - 2　供油压力为 3.0 MPa 时常温煤油与超临界煤油排气羽流的对比

时间/μs	常 温 煤 油	超 临 界 煤 油
0		
200		
400		
600		
800		
1 000		
1 200		
1 400		

　　通过对比 PDRE 的排气羽流形态可以发现,采用常温煤油时的 PDRE 排气羽流为红色的火团,且羽流在 PDRE 尾喷口的停留时间较长,说明爆震管外的燃料存在二次燃烧效应。而采用超临界煤油时的 PDRE 尾喷口羽流火焰呈亮蓝色,说明燃料在爆震管中已经完成了高效的燃烧,尾焰中存在清晰的马赫盘结构,喷口的排气和尾焰熄灭总时间仅为采用常温液态煤油时的 1/3 左右,尾焰的高压和高速排出过程正是 PDRE 产生有效推力的关键所在。此处,采用超临界燃料的 PDRE 排

气羽流已经与成熟的航空发动机和火箭发动机排气羽流的马赫盘结构较为相近,间接表明此时 PDRE 的燃烧效率已经基本达到了工程用航空发动机的水平。

由于煤油加温过程中流量会发生变化,供油压力不变的情况下 PDRE 工作于上述常温和超临界工况时的当量比相差很大,且采用常温煤油工作时处于相对富油的状态,不足以全面证明超临界煤油的比冲优势。因此,还需对比相同煤油流量下的常温液态煤油和超临界煤油的推力和比冲特性。

保持煤油流量约为 1.5 g/s 不变,分别采用常温煤油和 450℃的超临界煤油进行 PDRE 台架试验,测量不同当量比下的发动机推力,其中供给参数如表 8 - 3 所示。对于特定直径的喷嘴,相同流量的常温煤油供给压力远小于超临界煤油,故采用 0.4 mm 喷嘴时常温煤油会由于供给压力太小而导致雾化性能很差,因此,试验中对于液态煤油采用了 0.3 mm 的喷嘴,超临界煤油依然采用 0.4 mm 喷嘴,工作频率为 10 Hz。

表 8 - 3　PDRE 工作参数(恒定煤油流量)

当量比	氧化剂压力/MPa		煤油压力/MPa	
	常　温	超临界	常　温	超临界
0.7	0.86			
0.8	0.75			
0.9	0.67			
1.0	0.60			
1.1	0.55		1.27	3.00
1.2	0.50			
1.3	0.46			
1.4	0.43			
1.5	0.40			

图 8 - 14 是相同煤油流量下 PDRE 的推力随当量比的变化规律,可以发现,采用超临界煤油的 PDRE 平均推力远大于采用常温煤油工况,PDRE 推力随当量比的升高而缓慢降低,且采用超临界煤油时的 PDRE 推力受当量比的影响更为显著。此时,PDRE 的推力下降主要是由氧化剂的流量降低造成的,由于超临界煤油的雾化和掺混效果较好,其燃烧性能受当量比的影响更为显著,因此,随着氧化剂流量的降低采用超临界煤油时 PDRE 的推力下降更为显著。

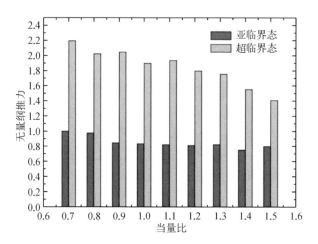

图 8 - 14　煤油流量为 1.5 g/s 时 PDRE 推力
随当量比的变化曲线(10 Hz)

　　图 8 - 15 是相同煤油流量下的 PDRE 比冲随当量比的变化规律,研究发现,采用超临界煤油时的混合物比冲较之采用常温煤油时提高了一倍以上;此外,常温煤油工况的 PDRE 比冲随当量比的升高而单调增加,但超临界煤油工况却呈先增大后减小的趋势,最佳当量比约为 1.3。这主要是因为,对于常温煤油 PDRE,由于雾化效果的限制,实际参加爆震燃烧的燃料较少,此时 PDRE 实际工作于相对贫油的状态,氧化剂的流量降低相当于提高了 PDRE 的实际当量比,故 PDRE 比冲随氧化剂的流量降低而单调升高。而对于采用超临界煤油的工况,PDRE 近似工作于气相爆震状态,爆震性能对当量比的变化比较敏感,于是呈现出先增大后减小的变化规律。

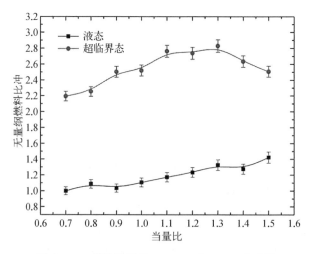

图 8 - 15　煤油流量为 1.5 g/s 时 PDRE 比冲随
当量比的变化曲线(10 Hz)

参考文献

［ 1 ］ Tucker K, King P, Bradley P, et al. Use of a flash vaporization system with liquid hydrocarbon fuels in a pulse detonation engine［C］. Reno: American Institute of Aeronautics and Astronautics 42nd AIAA Aerospace Sciences Meeting and Exhibit, 2004.

［ 2 ］ Leonov B S. Transient injection of supercritical fuel［C］National Harbor: 52nd Aerospace Sciences Meeting, 2014.

［ 3 ］ Bruening G, Chang W. Cooled cooling air systems for turbine thermal management［C］. Indianapolis: ASME 1999 International Gas Turbine and Aeroengine Congress and Exhibition, 1999.

［ 4 ］ Walker A D, Koli R B, Spanelis A, et al. Aerodynamic design of a cooled cooling air system for an aero gas turbine［C］. Charlotte: ASME Turbo Expo 2017: Turbomachinery Technical Conference and Exposition, 2017.

［ 5 ］ Lubarsky E, Shcherbik D, Scarborough D, et al. Onset of severe combustion instabilities during transition to supercritical liquid fuel injection in high pressure combustors［C］. Fort Lauderdale: 40th AIAA/ASME/SAE/ASEE Joint Propulsion Conference and Exhibit. 2004.

［ 6 ］ 范学军,俞刚. 超临界煤油超声速燃烧特性实验［J］. 推进技术,2006,27(1): 79 - 82.

［ 7 ］ Mellor A. Characteristic time emissions correlations and sample optimization – GT – 309 gas turbine combustor (for automobiles)［J］. Journal of Energy, 1977, 1(4): 244 - 249.

［ 8 ］ Mellor A, Fritsky K. Turbine combustor preliminary design approach［J］. Journal of Propulsion and Power, 2011, 6(3): 334 - 343.

［ 9 ］ Rasmussen C, Driscoll J, Donbar J, et al. Blowout limits of supersonic cavity-stabilized flames［C］. Fort Lauderdale: 40th AIAA/ASME/SAE/ASEE Joint Propulsion Conference and Exhibit, 2004.

［10］ Ben-Yakar A, Hanson R. Cavity flame-holders for ignition and flame stabilization in scramjets: An overview［J］. Journal of Propulsion and Power, 2001, 17(4): 869 - 877.

［11］ Hsu K, Carter C, Crafton J, et al. Fuel distribution about a cavity flameholder in supersonic flow［C］. Las Vegas: 36th AIAA/ASME/SAE/ASEE Joint Propulsion Conference and Exhibit. 2000.

［12］ Katta V R, Roquemore W M. Numerical studies on trapped-vortex concepts for stable combustion［C］. Jakarta: ASME 1996 Turbo Asia Conference, 1996.

［13］ Su K, Gross L, Trump D, et al. Performance of a trapped-vortex combustor［C］. Reno: 33rd Aerospace Sciences Meeting and Exhibit, 2013.

［14］ Mongia H C, Smith K. An empirical/analytical design methodology for gas turbine combustors［C］. Las Vegas: 14th Joint Propulsion Conference, 1978.

［15］ Mongia H, Reynolds R, Srinivasan R. Multidimensional gas turbine combustion modeling applications and limitations［J］. AIAA Journal, 2011, 24(6): 890 - 904.

［16］ Mongia H, Hukam C. Engineering aspects of complex gas turbine combustion mixers Part Ⅱ: High T_3［J］. Orlando: 49th AIAA Aerospace Sciences Meeting including the New Horizons Forum and Aerospace Exposition, 2011.

［17］ Mongia H. Engineering aspects of complex gas turbine combustion mixers Part V: 40 OPR［C］. San Diego: 9th Annual International Energy Conversion Engineering Conference, 2011.

［18］ 肖红雨,高峰,李宁. 再生冷却技术在超燃冲压发动机中的应用与发展［J］. 飞航导弹, 2013(8)：78－81.

［19］ Jiang Q, Silong Z, Wen B, et al. Off-design condition cooling capacity analysis of recooling cycle for a scramjet［J］. Journal of Propulsion and Power, 2012, 28(6)：1285－1292.

［20］ 蒋劲. 超燃冲压发动机燃烧室再生冷却研究［D］. 西安：西北工业大学,2006.

［21］ 俞刚,范学军. 超声速燃烧与高超声速推进［J］. 力学进展,2013,43(5)：449－471.

［22］ 倪计民. 汽车内燃机原理［M］. 上海：同济大学出版社,1997.

［23］ 郑朝蕾. 柴油机高效清洁燃烧方式基础理论研究［D］. 天津：天津大学,2008.

［24］ Zheng Z, Yao M, Chen Z, et al. Experimental study on HCCI combustion of dimethyl ether (DME)/methanol dual fuel［J］. Toronto：2004 Powertrain and Fluid Systems Conference and Exhibition, 2004.

［25］ 钟绍华,张永红,金国栋,等. 汽油和柴油混合燃料均质压燃(HCCI)的试验研究［J］. 内燃机学报,2007,25(1)：8.

［26］ 杨占锋. 超临界燃油喷射及燃烧特性的数值模拟研究［D］. 重庆：重庆大学,2017.

［27］ 严传俊,范玮. 脉冲爆震发动机原理及关键技术［M］. 西安：西北工业大学出版社,2005.

［28］ 严传俊,范玮. 燃烧学［M］. 西安：西北工业大学出版社,2005.

［29］ Fickett W, Davis W. Detonation［M］. California：University of California Press, 1979.

［30］ Gross R, Chinitz W. A study of supersonic combustion［J］. Journal of Aerospace Science, 1960, 27(7)：517－525.

［31］ Powers J, Frolov S M. Introduction：Perspectives on detonation-based propulsion［J］. Journal of Propulsion and Power, 2006, 22(6)：1153－1154.

［32］ Bratkovich T, Bussing T. A pulse detonation engine performance model［C］. San Diego：31st Joint Propulsion Conference and Exhibit, 1995.

第9章
液态碳氢燃料超临界喷射燃烧研究展望

液态碳氢燃料超临界喷射燃烧,将广泛出现于未来的先进航空航天动力装置中,对于燃烧室乃至整个动力装置的设计研制来讲,掌握相关领域的机理及关键技术至关重要。液态碳氢燃料超临界喷射燃烧的研究,无疑为航空航天动力系统的燃料喷射系统领域开辟了一个更加广阔的全新空间。需强调的是,本书的研究内容展示与观点仅仅是一家之言,希望以此作为引玉之砖,吸引更多同行进入此领域。基于目前研究现状的回顾分析,笔者认为液态碳氢燃料的超临界喷射燃烧还需要完成机理及基础体系的完善、关键技术研究以及工程应用研究,才能真正为未来高性能航空航天动力装置的研究与开发提供技术储备和直接支撑。

9.1 液态碳氢燃料超临界喷射燃烧机理与基础性研究

对于任何一项新技术和新领域的研究,机理和基础研究体系的搭建和完善是首要的。液态碳氢燃料超临界喷射燃烧作为尚需开垦之地,大量后续工作还有待开展。笔者认为,在液态碳氢燃料超临界喷射燃烧机理与基础性研究方面,仍需持续开展以下一些方面的研究工作。

(1)超临界及近临界条件下物性数据的扩充、细化及填补,完善液态混合型碳氢燃料超临界物性计算方法和模型,为超临界喷射燃烧数值仿真及试验研究提供基础。

(2)适合超临界喷射燃烧情况的化学反应机理的建立及简化,完善相关化学反应动力学体系。

(3)超临界相平衡及演化机理的准确描述及模拟,探明跨临界/超临界喷射机理,构建液态混合型碳氢燃料射流全工况统一模型。

(4)光学测量在超临界喷射燃烧研究中的有效推广及应用,以求获得更多目前常规测量所不能获得的基础性试验数据,探索定量规律,完善研究体系。

(5)适用于超临界喷射燃烧过程模拟方法的建立和应用,研究空间时间相互耦合下的喷射燃烧规律,使得物理化学过程、流体属性及状态方程的影响等均可在计算结果中自动显现,实现超临界及跨临界条件下特殊转捩现象的完美数值呈现。

9.2 液态碳氢燃料超临界喷射燃烧关键技术研究

关键技术研究是基础性研究结果实现工程实用的过渡性纽带,是必不可少的一环。液态碳氢燃料超临界喷射燃烧技术需要达到一定的技术成熟度之后,才可能在未来高性能动力装置的实际工程设计中提供实际支撑。笔者已经对超临界航空煤油流量控制、超临界航空煤油换热加热等相关关键技术进行了初步探索。国内外许多专家学者也开展了诸如此类的关键技术的研究,但如需真正将这些关键技术的技术成熟度提升至匹配实际动力装置设计需求的程度,笔者认为尚需开展以下一些工作。

(1)真正攻克液态碳氢燃料超临界/跨临界流量控制技术,获得流量特性与几何特征参数、喷射参数、环境参数之间的定量经验数据库,并不断扩展完善,通过模型试验的方式提升技术成熟度。使得所积累的技术基础,能够在先进动力装置喷射系统设计初期为选型提供直接依据。

(2)完全掌握液态碳氢燃料超临界换热加热技术。通过模型试验的方式验证,能够在先进动力装置设计初期为燃油自冷却换热器、喷射系统选型设计提供支撑。

(3)开展液态碳氢燃料超临界定容/定压燃烧技术研究。定量研究喷射条件和环境条件以及几何参数对超临界燃烧规律的影响,开展相关基于工程牵引的模型试验,为真实型号预研提供良好的技术支持。

(4)开展液态碳氢燃料超临界燃烧温度场调制技术研究。温度场调制对于航空发动机燃烧室及其他一些动力装置的燃烧器,一直以来都是难点,对于全新领域下的相关技术,需要开展大量研究。

(5)开展液态碳氢燃料超临界燃烧热声耦合及燃烧振荡抑制技术研究。热声耦合及燃烧振荡抑制,对于常规燃烧来讲就是重点和难点之一。对于液态碳氢燃料超临界喷射燃烧,其重要性和研究开展的必要性更不言而喻。

9.3 液态碳氢燃料超临界喷射燃烧工程应用研究

任何领域的新技术、新成果,最终价值的体现是在工程上取得良好应用和推广。由于液态碳氢燃料的超临界喷射燃烧技术属于全新领域,技术成熟度较低,暂不具备直接工程应用条件。笔者认为,目前亟须开展的工作,主要是需求牵引以及匹配性梳理。确定超临界喷射燃烧对实际动力装置性能的提升作用、实际发动机工作过程中对超临界喷射燃烧的实际需求,根据实际发动机牵引,开展针对性的研究工作。